职业院校自动化专业规划教材

自动化概论

夏洪永 编

化学工业出版社
·北京·

图书在版编目（CIP）数据

自动化概论/夏洪永编 .—北京：化学工业出版
社，2011.8
（职业院校自动化专业规划教材）
ISBN 978-7-122-11666-6

Ⅰ. 自… Ⅱ. 夏… Ⅲ. 自动化技术-高等职业教
育-教材 Ⅳ. TP2

中国版本图书馆 CIP 数据核字（2011）第 129216 号

责任编辑：刘 哲　　　　　　　　装帧设计：刘丽华
责任校对：徐贞珍

出版发行：化学工业出版社(北京市东城区青年湖南街 13 号　邮政编码 100011)
印　　刷：北京云浩印刷有限责任公司
装　　订：三河市前程装订厂
787mm×1092mm　1/16　印张 8½　字数 189 千字　　2011 年 8 月北京第 1 版第 1 次印刷

购书咨询：010-64518888(传真：010-64519686)　　售后服务：010-64518899
网　　址：http://www.cip.com.cn
凡购买本书，如有缺损质量问题，本社销售中心负责调换。

定　　价：19.00 元

前　言

一、自动化高技能人才的社会需求

我国经济的快速发展及国家的产业结构调整，"用信息化带动制造业现代化，用高新技术改造制造业，以实现制造业跨越式发展"是我国制造业发展的重要目标。作为 20 世纪高新技术之一的自动化技术在我国的迅速应用、全面渗透，推动各行业生产技术与手段由"电气化"时代全面迈进"自动化"时代。随着信息革命的兴起和新经济的冲击，自动化技术已从工业自动化逐渐向家庭自动化发展，与普通民众的日常生活发生了千丝万缕的联系，更进一步的发展势在必然。

自动化技术不仅改造了传统的生产模式、工艺过程，更重要的是支撑了生产运行与管理模式的信息化发展。各层级的自动化技术不断被开发与应用，设计自动化、生产过程自动化、管理自动化等集成充实了信息化的内涵，并推动信息化从管理层面向生产现场的全覆盖。自动化程度已成为衡量现代国家科学技术和经济发展水平的重要标志之一。

自动化技术不仅改革了传统的操作模式、管理模式，而且无论是高速、大批量制造企业，还是追求灵活、柔性和定制化的企业，都要依靠自动化设备与自动化技术的应用，不仅需要自动化技术开发、设计的工程技术人才，更需要大量具有自动化思想、掌握自动化技术知识与应用能力的高技能人才，从事自动化设备及系统的安装、调试、运行、管理、维护及检修工作，确保自动化设备与系统正常工作、生产安全、企业高效运行。

为满足各企事业单位对自动化类人才的需求，众多高等院校、职业院校纷纷开设了针对不同领域、行业需求的自动化类专业，培养了大批不同类型与层次的自动化类人才，促进了自动化技术的开发与应用，保障了人类生产与生活高效运行。

二、自动化高技能人才的就业前景

20 世纪下半叶，以信息技术为显著特征的第四次科技革命浪潮冲击着全球，对各国经济的发展起着极大的推动作用。我国经济的巨大发展、产业政策调整及投资环境的优化，极大地推动了传统制造业的改造、现代化企业的新建及国际化大型企业的落户，同时国家加大了科技创新、技术服务的支持力度，大量科技服务公司不断成立，高技能人才的竞争日趋激烈，社会对自动化专业人才的需求日益扩大。

自动化专业主要学习的是自动控制原理和方法、自动化单元技术和集成技术及其在各类控制系统中的应用。它以自动控制理论为基础，以电工电子技术、传感器技术、计算机技术、网络与通信技术为主要工具，面向工业生产过程自动控制及各行业、各部门的自动化。它具有"控（制）管（理）结合，强（电）弱（电）并重，软（件）硬（件）兼施"的鲜明特点，是理、工、文、管多学科交叉的宽口径工科专业。学生在毕业后能从事自动控制、自动检测、信号与数据处理及计算机应用等方面的技术工作。就业领域也非常宽广，包括高科技公司、设计单位、工程公司、轨道交通、港口物流、城市公用工程与智能楼宇、工矿企业等。

未来随着自动化技术应用领域的日益拓展，对这一专业人才的需求将会不断增加，自动化专业的毕业生也将借助这一技术的广泛应用而在社会生活的各个领域、经济发展的各个环节找到发挥自己专长的理想位置。

三、自动化高技能人才的职业属性

工业自动化技术专业与别的制造类职业不同，不需对工作对象进行加工制造，而是以自动化设备、装置、系统为操作对象或工具，为生产过程的安全、高效运行服务。工业自动化技术应用型高技能人才在职业活动中所面对的工作对象，就是这些具有特定功能、特定任务的设备、装置、环节及所构建的系统。也就是说自动化技术应用与职业技能体现在对具体设备、装置及系统的安装调试、运行管理、维护检修活动之中。

自动化技术应用型高技能人才在职业活动中，无论应用于何种领域，使用何种具体的自动化工具、针对何种具体的工作对象，都具有如下宏观层面与微观层面的职业属性。

宏观层面 职业能力——具有自动化核心思想，熟悉工业自动化技术，掌握自动化技术应用技能（主要针对工业生产设备、装置、过程的运行状态检测、控制等）。工作领域——主要服务于工业企业，为工厂自动化、自动化工程、自动化技术行业提供一线的技能支持与服务。职业范围——在生产、实验、试验一线从事自动化设备及系统安装、运行、调试、管理、维护及检修工作。职业价值——具体实施自动化技术规范、图纸、方案，维护自动化设备与系统正常工作，保障生产企业高效运行。自动化技能人才的职业价值不是从事理论研究，也不是从事开发设计，主要是通过所掌握的职业技能把现有的技术规范、操作规程、施工图纸和工程方案变为现实。

微观层面 工作对象——面向工业企业加工设备、生产装置、生产过程所用自动化设备及系统。工作手段——运用"系统"、"信号"、"控制"的自动化核心思想，以自动化技术知识为基础进行分析、判断，利用专业技能与职业能力实施技术服务。工作地点——工业企业生产支持部门、自动化工程施工场地。工作岗位——自动化设备及系统安装、运行、调试、管理、维护及检修职位。

实践表明，现代制造业对自动化技术高技能应用型人才的要求趋向于多能多岗位的复合型。职业活动主要涉及4个方面：（1）应用与维护单体自动化设备、装置；（2）组织相关设备、环节构建与维护系统，完成自动控制；（3）实施与维护系统各环节间的信号传递、协调工作；（4）调整控制策略，优化系统控制参数。

鉴于此，本书更关注于自动化技术应用实践中的职业岗位、职业活动与职业能力需求，从基础层面上去描述自动化技术与自动化类专业。特别是解析了职业活动的4个主体内容，为初学者引导了学习的方向。

本书的编写参考了大量的书籍、论文和网上资料，在此向相关作者表示诚挚的谢意与歉意。

　　本书的编写涉及内容众多，更重要的是突破了一些传统认识，编写难度极大，尽管编者花了大量的心血，力求科学与恰当，但限于编者的水平，书中难免存在不当之处，衷心希望广大读者与专家学者提出宝贵意见。

编　者

2011 年 5 月

目　录

第一单元　自动化及技术核心

第一节　自动化与自动化技术

"自动化"一词被当今社会广泛使用，"自动化"的事例在当今人类生活、生产中随处可见。

在家居环境中，全自动洗衣机自动化地洗净衣物，智能型的洗衣机还能根据衣料材质、数量、脏污程度自动地调整洗涤模式、洗涤剂用量、洗涤时间；电脑控制的电冰箱，不但能自动控温，保持食物鲜美，而且能告诉食物存储的数量和时间。在商住环境中，电脑控制的中央空调自动地使房间温度、湿度保持在舒适的状态；电梯自动地把乘客送到想去的楼层；供水系统自动地保持水压的稳定以满足用水量的变化需求；自动门随顾客接近与离开自动地开闭。在楼宇监管方面，红外防盗系统自动探测是否有陌生人闯入并进行报警；火灾探测与消防联动系统自动探测房间关键、特殊部位是否存在火灾危险并实施报警与消防喷淋。

在工业生产领域，数控加工中心自动化完成零部件的加工、成型等；自动化生产线上的机械手臂、机器人自动地完成零部件的装配、焊接、抛光、喷漆、吊装等各种各样的任务；在冶炼、炼油、化工等行业，人们用自动化装置及系统来控制原料的进给、物态变化、物料分离与混合、物质分解与合成等各种物理与化学变化过程及工艺参数，实现从原料处理到最终产品的全过程自动化生产与管理。

在农业生产领域，现代农业机械自动地进行播种、灌溉、施肥、杀虫、收割，自动化的种植大棚、温室自动调节作物生长环境，如温度、湿度、阳光、施肥、土质监测与改造，生产出各类质优蔬菜供人们生活需要。

在交通运输领域，自动化系统紧张有序地承担着公路与轨道交通控制、海上与空中交通控制、车辆管理、票务管理等工作任务；在物流港口、仓储基地，现代化的物品分拣及储运系统自动地出入库、分类、储存、吊装、转运等。

在电信领域，程控交换机自动地快速、准确转接各通讯终端。

人类生活所需水、电、气供应，交通路口红绿灯管理，城市灯饰工程，天气与环境监控等，遍及城市各个角落，无不涉及控制与自动化技术。

在国防与军事工程领域，火炮自动地进行瞄准与射击，导弹自动修正轨道并击中目标，雷达自动搜寻、跟踪目标并引导武器装置精准打击。

在航空航天领域，火箭自动地把卫星送上轨道，宇宙飞船在轨道中自动完成各种要求动作，通讯卫星自动地完成信息的接收与转送，资源侦查卫星自动地完成特定目标、区域的图像扫描、拍摄、发送任务。

自动化技术作为 20 世纪最重要的技术之一，伴随着知识的积累、技术的进步、经济的发展，应用领域得以全面拓展与普及。当我们乐于接受自动化带给人类生产生活的服务、享受自动化带来的所有好处与便利的时候，是否想过什么是自动化？自动化是如何实现的？自动化技术包含哪些内容？……

一、自动化

"自动化"（Automation）一词是美国人 D. S. Harder 于 1946 年提出的。他认为在一个生产过程中，机器之间的零件转移不用人去搬运就是"自动化"。早期自动化的期望或者说功能目标是以机械的动作代替人力操作，自动地完成特定的作业。后来随着技术的发展，特别是计算机的出现和广泛应用，自动化的概念已扩展为用机器（包括计算机）不仅代替人的体力劳动、感觉器官，而且还代替或辅助脑力劳动，以自动地完成特定的作业。

通俗地说，"自动化"就是利用自动化设备、装置与系统代替人或帮助人自动地完成某个任务或实现某个过程。更具体地理解"自动化"：在无人干预的情况下，借助自动化设备及系统构建，通过自动检测、信息处理、分析判断、操作控制，使生产机器、设备、工艺过程等按照预定的程序或指令自动运行，实现预期的目标。

如图 1-1 所示，用变频空调机来调节室内温度，人只需要设置好期望的温度值，余下的事空调机会自动完成。空调机的心脏是一个压缩机（制动器），通过压缩机的运行就可以实现制冷或制热。为了达到维持房间温度稳定的目的，制冷或加热量必须被适当地控制。具体的工作过程（以冬天制热为例）：空调机通过感觉器官——温度感测器去感知房间温度的高低，并以反馈信号形式送控制器，与温度设定值进行比较，若房间温度低于设定值，则加大驱动信号，驱动压缩机加速运行，产生更多的热量，使温度上升；当温度高于设定值，则减小驱动信号，降低压缩机运行速度，产生较少的热量，以使温度得以降低。当开窗等因素使得室内热量散发出室外（干扰 f）造成温度变化，温度传感器将会及时反馈温度信号去控制器，并由控制器产生相应的驱动信号，改变压缩机的运行速度，调整热量以使温度保持恒定。

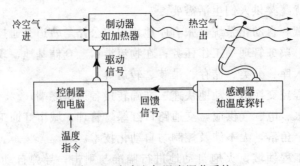

图 1-1　室内空气温度调节系统

再如图 1-2 所示的全自动洗衣机。通常情况是，首先由人选择最合适的洗衣程序，然后启动洗衣机运行，洗衣机就会严格按照设定程序一步一步、按部就班地自动完成全过程。这是自动化系统的一种典型工作方式——程序控制。更高级的洗衣机拥有更多的"感觉器官"，能检测出被洗衣物量的多少、脏污程度、衣料质地等，通过植入的智能控制器拥有一定的"智能"，能根据检测到的信息进行综合分析，计算出洗涤剂的用量、水位的高低、洗衣强度和洗衣时间等，产生了真正意义上的"智能化"、全自动化运行模式，人只需要放入衣物与接通电源，后续的工作便由洗衣机自动完成。

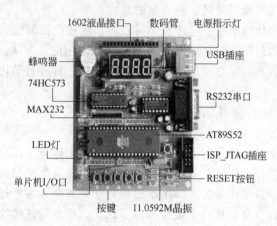

图 1-2　全自动洗衣机（洗衣机、控制板）

随着数据库技术和计算机网络的发展，自动化技术不再局限于具体的生产过程自动化，更是向监控自动化、管理自动化层面发展，自动化的内涵更为丰富。在形式方面，制造业自动化有三个方面的含义：代替人的体力劳动，代替或辅助人的脑力劳动，人机及整个系统的协调、管理、控制和优化。在范围方面，自动化不仅涉及到具体的生产制造过程，而且涉及产品生命周期全过程。在功能方面，自动化的功能目标不仅对生产过程实施控制，也对整个生产运行实施监测与管理，实现"管理—监测—控制"一体化。虽然如此，但"自动化"的核心概念——"自动地去完成特定的作业"并没有什么变化。

如果说动作机械（机器）延伸了人的四肢，传感器及检测技术延伸了人的感觉器官，电脑与计算技术延伸了人的大脑，通信技术延伸了人的神经传导与信息传递功能，那么自动化则全面提升、取代和扩展了人的功能。

二、自动化技术

技术，最原始的概念是熟练。所谓熟能生巧，巧就是技术。

法国科学家狄德罗主编的《百科全书》给技术下了一个简明的定义："技术是为某一目的共同协作组成的各种工具和规则体系。"

技术的任务是改造世界，改造人类生活、生产环境，这反映了技术的目的。技术的实现需要通过社会协作，得到社会支持，并受到社会多种条件的制约。这诸多的社会因素直接影响技术的成败和发展进程，这表明技术具有社会性。技术既可表现为有形的工具装备、机器设备、实体物质等硬件，也可以表现为无形的工艺、方法、规则等知识软件，还可以表现为虽不是实体物质而却又有物质载体的信息资料、设计图纸等，技术具有多元性。

广义地讲，技术是人类为实现社会需要而创造和发展起来的手段、方法和技能的总和，技术关注"做什么"和"怎么做"的问题。在作为物质手段和信息手段的现代技术中，技能已逐步演变为技术的一个要素。作为社会生产力的社会总体技术力量，包括工艺技巧、劳动经验、信息知识和实体工具装备，也就是整个社会的技术人才、技术设备和技术资料。

自动化技术可理解为是"为了自动地完成特定作业而实施的包括自动化装备、方法、手段、规则及相关的信息资料的总和"。

自动化技术是一门涉及学科较多、应用广泛的综合性科学技术。自动化的研究内容主要有自动控制和信息处理两个方面，包括理论、方法、硬件和软件等。从应用观点来看，研究内容有过程自动化、机械制造自动化、管理自动化、家庭自动化等。

三、工业自动化技术

工业的主体是制造业，工业自动化的主体是工厂自动化，是指在无人直接参与的情况下，通过自动化装置及系统构建对生产设备及生产过程实施的控制与管理。

工厂自动化分为连续生产过程自动化和断续生产过程自动化。连续生产过程自动化又简称为过程自动化，主要指石油、化工、冶金等连续物料的生产过程自动化，处理对象物态是流体、粉体，主要涉及温度、压力、流量、物位、成分等变量。断续生产过程自动化通常也叫工业电气自动化，主要指机械制造过程中的离散物品加工、装配、包装、输送、储藏等机械作业自动化，处理对象物态是固体，主要涉及位置、形状、尺寸、姿势与角度等问题。

工业自动化技术是一种运用自动控制理论、电磁技术、信息技术、数理知识及其他相关技术，应用自动化设备及系统构建，通过电路逻辑、软件程序，有目的地对工业生产装备及工艺过程实现检测、控制、优化、调度、管理和决策，达到增加产量、提高质量、降低消耗、确保安全等的综合性技术。

第二节   自动化技术的发展

在人类社会中，工业化的进程主要从蒸汽机开始。以蒸汽机为代表的"机械化"，强调以大规模的机械装置代替人工体力劳动；以电动设备为代表的"电气化"，强调普遍应用电力来驱动生产机械工作；以计算机、网络为代表的"信息化"，强调大规模地使用计算机、网络等现代技术工具高效地获取、处理、分析和利用信息；而以自动化设备及系统为代表的"自动化"，强调生产运行、管理方式的"自动"。

自动化技术是随着工业生产技术的产生、发展而开始了它的进程。自动化技术的发展可从自动化设备、自动化理论、自动化系统的发展三个方面来讨论。

一、自动化设备的发展

自动化设备（装置）是实现自动化的工具。

自动装置的出现和应用是在 18 世纪以前。古代人类在长期生产和生活中，为了减轻自己的劳动，逐渐产生利用自然界动力代替人力、畜力，以及用自动装置代替人的部分繁难的脑力活动的愿望，经过漫长岁月的探索，制造出一些原始的自动装置，如古代中国的指南车以及近代欧洲出现的钟表和风磨控制装置等。

随着第一次工业革命的需要，人们开始采用自动调节装置来对付工业生产中提出的控制问题。1788 年英国机械师 J. 瓦特将离心式调速器（又称飞球调速器）与蒸汽机的阀门连接起来，调节稳定蒸汽机转速；俄国人用浮子式阀门水位调节器调节、稳定蒸汽锅炉水位……这些调节器都是一些跟踪给定值的机械装置，使一些物理量保持在给定值附近。特别是瓦特的这项发明开创了近代自动调节装置应用的新纪元，对第一次工业革命及后来控制理论的发展有重要影响。

电的发明、磁的应用开始了电气化时代。人们使用电动设备、电磁机构来代替体力劳动，解放人类的手脚。公元 1868 年，法国人发明了反馈调节器（当时叫伺服机构），人们开始采用自动调节器或装置来代替人的大脑的部分工作，如使一些物理量保持在设定值附近，使用继电装置实现逻辑关系的控制任务。自力式（液压、气压）调节装置用来自动检测、调节稳定工艺参数。微电子技术的发明与应用带来了自动化设备的第一次改革与创新，检测装置、控制装置、执行装置、显示装置等功能自动化仪表，以及电子组装控制装置、继电联锁装置在工业生产监测、控制中发挥了重要作用，保障生产的安全、高效运行。

计算机与数字技术的发明、微电脑及存储器技术的发展与应用，带来了自动化设备的第二次飞跃，工艺结构、工作原理、功能特性、操作模式实现了跨越，多参数通用、自诊断、可编程等数字化设备日新月异，如可编程序控制器（PLC）、智能化仪表、数控生产装置等被普遍应用，机器人、自动机械手成为工业生产中重要的劳动者。伴随着信息技术的发展，自动化设备向数字化、网络化、人工智能化方向发展，如 DCS 系统控制装置、FCS 网络控制装置以及集成制造系统（CIMS）等。

总结上述自动化设备的发展，有机械装置、继电装置、气动与电动仪表、可编程仪表与设备、网络型仪表与设备、网络系统装置……随着传感技术、信息处理技术与人工智能研究与应用的进一步深入，自动化设备将有更新的发展及更为有效的应用。

二、自动化理论的发展

自动控制理论是自动化的理论基础。它从理论上分析了自动化工程实践中的问题并提出解决方法。它主要包括控制手段、策略与分析方法。

瓦特将离心式调速器与蒸汽机的阀门连接起来，利用蒸汽机转速的变化改变离心式调速器飞球的张开角度，控制蒸汽阀门开大与关小，稳定蒸汽机的转速，开创了反馈概念、闭环反馈控制系统的工程应用。同时为了解决这个控制系统的稳定性问题，麦克斯韦等人将调速器与蒸汽机看成一个完整的系统，建立相应的微分方程进行研究，发现引起系统不稳定的原因是离心式调速器的飞球质量与杠杆装置的传动比例设置不当。这种系统分析思想与微分分析方法开创了基于反馈控制概念的理论研究。

二战期间为了设计和制造飞机及船用自动驾驶仪、火炮定位系统、雷达跟踪系统以及其他军用设备，以及为适应二战后迅速发展的工业生产控制需要，特别是高速飞行控制、核反应堆控制、大电网的控制、大化工厂的控制问题，西方各国开始了自动调节器与被控设备、过程组成的控制系统理论的深入研究，对反馈控制系统的结构、性质等有了深入的认识，产生了系统阐述控制理论的经典著作——1945年美国数学家维纳.N把反馈的概念推广到一切控制系统的《控制论》，1954年我国著名科学家钱学森在美国研究出版的《工程控制论》。

在这段时期产生了多种系统分析方法，如1932年Nyquist提出根据系统对稳态正弦输入的开环响应来确定闭环的稳定性；1934年Hezen提出用于位置控制系统的伺服机构的概念，讨论了可以精确跟踪变化的输入信号的继电式伺服机构；20世纪40年代，频率响应法以及50年代初完善的轨迹法等，对自动控制系统的分析起到了巨大的作用。与此同时，美国人开创了现今仍广为应用的PID控制策略。这些理论形成并完善了自动控制理论体系——基于反馈概念的闭环控制系统结构，以传递函数为基础，通过拉普拉斯（Laplace）变换，针对控制系统单输入-单输出、线性定常数系统的分析和设计的经典控制理论。

20世纪60年代初，国际空间技术迅速发展，迫切需要解决多变量、不确定性、复杂系统的最优控制问题，与此同时数字计算机的出现为复杂系统的时域分析提供了可能，利用状态变量、基于时域分析的现代控制理论应运而生。从1960年到1980年，不论是确定性系统的最佳控制，还是随机系统的最佳控制，以及复杂系统的自适应和学习控制，都得到充分的研究。诸如专家系统、自适应控制、模糊控制等控制策略得到深入研究与应用，对于未知对象或系统能通过系统识别、数学模型及仿真获得，同时产生的自适应控制与自校正调节器，对被控对象、系统进行在线评估，自动修正控制参数，从而适应了现代设备日益增加的复杂性，同时也满足了军事、空间技术和工程应用领域对精确度、质量和成本方面的严格要求。

从20世纪80年代到现在，工业生产系统及自动化的概念不再局限于生产过程层面，更关注于"管理-控制一体化"、人工智能化，控制理论进展集中于鲁棒控制、神经网络控制、预测控制及大系统控制相关课题，正向以控制论、信息论、仿生学为基础的智能控制理论深入，形成了所谓的后现代控制理论。

三、自动化系统的发展

"系统"是由若干相互依存和相互作用的子系统为达到某些特定目的所组成的完整综合体。若系统的构建目标是为实现自动化功能任务，这样的系统就是自动化系统。其中最为典型的是自动控制系统，它是为了实现各种控制任务，将被控对象和控制装置按照一定的方式连接起来所构成的一个有机的总体。

早期的自动化系统功能目标单一，生产设备间不存在关联或关联不强，主要是解决单一设备、单一过程、单一参数的检测与控制问题，被称为单机自动化。图1-3所示是离心式调速器构建的蒸汽机转速控制系统。

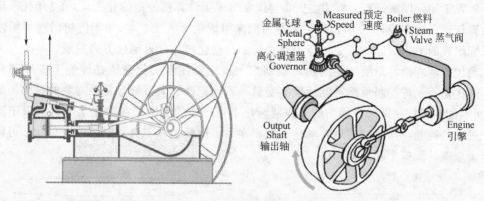

图 1-3　瓦特蒸汽机转速控制系统

　　第二次世界大战期间，为了解决火炮定位系统、雷达跟踪系统、飞机自动导航系统等军事需求，以及二战后工业的迅速发展，解决高速飞行控制、核反应堆控制、大电网的控制、大化工厂的控制问题，构建了较为复杂的自动化系统。与此同时，由继电器构成的逻辑控制器在联机启动、停车、联锁、保护等程序控制方面也得到广泛的使用。

　　但此时的自动化系统运行、设计、分析的理论基础是以频域法和根轨迹法为主体的经典控制理论，无法实现如自适应控制、最优化控制等复杂的控制形式。它在控制性能上一般只能实现简单参数的 PID 调节和简单的串级、前馈控制，如图 1-4 所示的锅炉控制系统，任务主要局限于生产过程监测与控制，主要功能局限于稳定系统，实现定值控制，系统规模通常被限定在一个工段或一个车间，被称之为局部自动化。

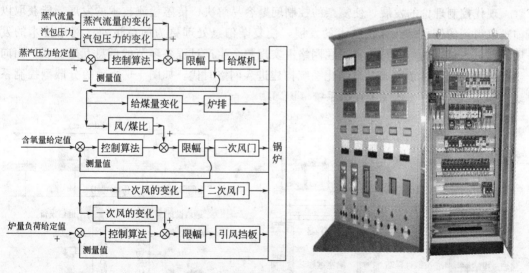

图 1-4　锅炉控制系统与仪表控制屏

　　现在许多工厂中还可以看到局部自动化系统。系统控制装置一般都可以分装在两个机柜中：一个机柜（仪表屏）装各种 PID 调节器、显示记录仪表，如图 1-4 所示的仪表控制系统；另一个机柜则装许多继电器和接触器，作启动、停止、联锁和保护之用。因而在结构上显得相当复杂，控制速度和控制精度都有一定的局限性，可靠性也不是很理想。

随着工业化发展进程，20 世纪 50 年代末出现了计算机控制的化工厂，60 年代末出现了大型自动化生产线，70 年代产生了专用机床组成的无人工厂，80 年代初出现了柔性制造系统组成的无人工厂，工业生产控制由局部自动化向综合自动化方向发展。

现代控制理论、系统建模与仿真的研究与应用，使自动化系统在性能上扩展到自适应、最优化等先进控制策略，能适应多变量、不确定性、大系统等复杂对象的控制，如图 1-5 所示的专家控制策略在锅炉燃烧控制与化工生产中的应用；在功能上不再局限于面向生产过程的控制，而是向管理自动化发展；在系统规模上，不再局限于单个车间，可能包括整个企业甚至整个制造集团。

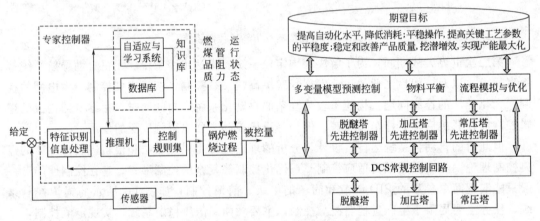

图 1-5　专家控制策略在锅炉燃烧系统及化工生产中的应用

现代控制理论的发展，使复杂的控制问题容易解决；传感检测技术的发展，能获取以前难以得到的信息；计算机技术的发展，使复杂信息处理更为简单迅速；网络技术的发展，促进了信息的传递与丰富，在网络上实现整个生产过程各环节的信息互通互联，面向生产过程的网络体系形成，自动化系统构建进入网络时代，如图 1-6 所示的分散型控制系统（DCS）以及现场总线型控制系统（FCS）。

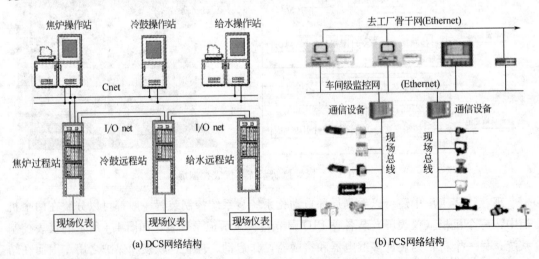

(a) DCS网络结构　　　(b) FCS网络结构

图 1-6　DCS 及 FCS

早在 20 世纪 60 年代就产生了计算机集成制造系统（CIMS）概念，设想利用计算机不仅实现单元生产柔性自动化，并把制造过程（产品设计、生产计划与控制、生产过程等）集成为一个统一的系统，如图 1-7 所示的"管-监-控"一体化自动化系统，通过多层次网络实现信息综合应用，实现企业管理、生产组织、生产过程控制一体化，同时引入人工智能，构建自动识别、评估、决策能力，对整个系统的运行加以优化。

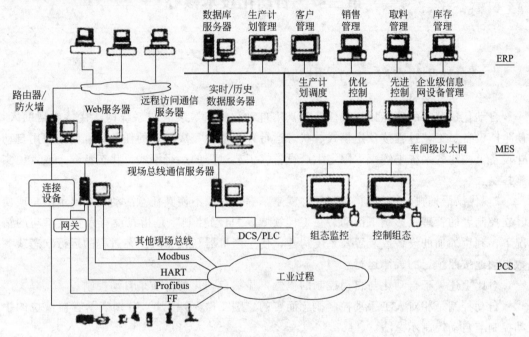

图 1-7 "管-监-控"一体化自动化系统

生产综合自动化与组织管理自动化相结合，将使人类的经济活动产生一个新的飞跃，人类社会的生活方式也将发生新的变化。

四、自动化发展特性

工业自动化技术作为 20 世纪现代制造领域中最重要的技术之一，其技术的发展具有明确的特征。

实践性——和社会的重大需求紧密联系在一起。瓦特将离心式调速器与蒸汽机的蒸汽阀门连接在一起后，本以为用飞球可以提高转速，稳定精度，结果反而更不稳定了。在解决随之出现的自动调节系统的稳定性的过程中，数学家提出了判定系统稳定性的判据，开始了自动控制理论的研究。

时代性——人们总是把最先进的技术作为自动化技术的主要内容。它的发展初期，是以反馈理论为基础的自动调节原理，主要用于工业控制；二战期间是为了解决军事设施的控制问题；二战后是为了解决迅速发展的工业控制问题，再后来主要是为了解决空间技术问题……

系统性——从"系统"的角度来分析、研究和实现各种目标。自动控制理论从初期到现在，整个发展过程都是基于最基本的反馈概念的闭环控制系统来研究的。

交叉性——涉及信息与网络技术、电气技术、数学及与生产设备相关的机械、工艺领域知识，需要与更多学科交叉、融合。

第三节 自动化技术核心

一、自动化的本质——自动控制

自动化最基本的功能目标或任务就是用自动化设备、装置与系统构建代替或帮助人，使生产设备、工艺过程按预定模式、状态运行，自动地完成特定的任务。也就是说用自动化设备及构建的系统来约束、限定生产设备、工艺过程的运行模式、状态参数，或者说实施控制。

《现代汉语词典》中所谓"控制"，就是掌握住对象不使其任意活动或超出范围；或使其在控制者的管理、影响下活动。在工程领域，"自动控制"是指在没有人直接参与的情况下，利用外加的设备或装置及系统构建，使生产机器、设备或工艺过程的运行状态或参数自动地按照预定的规律运行。

对比上述关于自动化与自动控制的概念，显然自动化的本质是自动控制。

自动控制是相对人工手动控制概念而言的。图1-8（a）、（b）分别表示容器液位的手动控制与自动控制示意图。

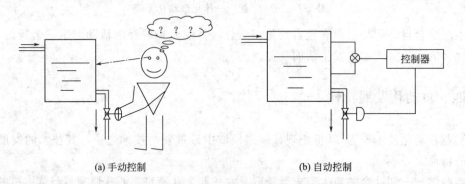

(a) 手动控制   (b) 自动控制

图 1-8 手动控制与自动控制

在图（a）中，操作人员通过眼睛观察容器内液位，大脑获取液位高低信息（液位测量值）并与液位设定信息（液位设定值）相比较，按差值方向、大小及流出量变化对液位升降的作用关系，决定阀门的开大与关小动作，经手去操控阀门，改变流出量，对容器液位施加作用并回复到设定位置上。

采用图（b）所示自动控制时，传感装置代替眼睛获取液位信息，控制器代替大脑计算差值并按预定关系产生控制信号，信号驱动的自动调节阀代替人工手动操作阀门，将上述三环节按人工操作对应环节间的信息作用方向建立联系，构建成自动控制系统，代替人对容器液位实施自动控制，维持液位的稳定及保持容器在设定值下平稳运行。

如图 1-9 所示，为了使物料输送带的运动满足生产要求，人们对输送带带轮的电机实现了转速控制。通过电机转速控制器驱动电机工作，以使生产满足要求。

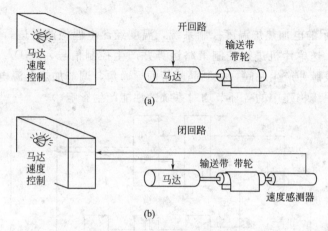

图 1-9　电机驱动带轮转速控制

图 (a) 通过电机速度控制装置（比如转速控制开关）直接对电机施加不同的工作电压（电机转速与工作电压之间存在关系），使电机以相应的转速驱动带轮转动，从而达到控制输送带运动的要求。显然因电源电压的波动，不能确保速度的稳定，这种控制形式属于开环控制。

图 (b) 作用到电机的工作电压并不直接取决于速度控制器的位置，还与速度感测器实测的电机转速有关。在这个结构中，速度感测装置将电机实际转速送入控制器，与设定转速比较，依据偏差判断运行状态，并自动地改变作用到电机的工作电压，以使电机转速保持设定要求的运动状态。这是自动控制中最典型的反馈控制，也叫闭环控制、偏差控制。

显然，不同的控制形式对应着不同的系统构建模式，产生不同的控制效果。

再如全自动化洗衣机，多种洗衣模式对应于多种控制策略。不同的控制策略产生不同的控制效果。

《控制论》中明确指出，"控制"的最基本问题是如何对系统施加控制作用，使其表现出预定的行为。也就是说自动控制涉及两个基本内容：一是采用何种手段（途径）对生产装置、生产过程施加控制作用，二是控制者的意愿是如何表达的。这分别对应着控制形式（硬件系统构建）与控制策略（软件系统构建）。

二、自动化的思想观——系统分析

系统（System）是指由相互关联、相互制约、相互影响、具有某种功能的部分组成的有机整体。如果构成系统的组成部分本身也是系统，则称为原系统的子系统。原系统也可是更大系统的子系统。对于系统以外的部分称为系统环境。系统环境对系统的作用称为系统的输入，系统对系统环境的作用称为系统的输出。

传统的自动化系统即机电一体化系统，由机电本体、动力部分、检测传感部分、执行机构、驱动部分、控制及信号处理单元等硬件元素，在软件程序和电路逻辑的目的信息流引导下，相互协调，有机融合和集成，形成物质和能量的有序规则运动，从而组成工业自动化系统。

如图 1-10 所示的电加热炉温度控制系统，温度经热电偶检测后进行放大，并由 A/D 变换为数字信号，送单片机进行控制策略运算并产生控制信号，送 D/A 变换为模拟量，调节触发器的触发脉冲产生时间，控制晶闸管的导通角，调节加热电源电压控制并稳定加热炉温度。处于系统构建中的各环节均对系统的性能产生影响。

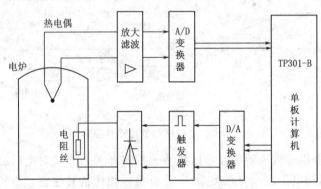

图 1-10　电加热炉温度控制系统

作为自动化的基础理论——控制论，它的研究对象是一个系统的各个不同部分（子系统）之间相互作用的定性性质以及整个系统的总的运动状态。系统的性能不仅取决于各子系统间的配合与协调，还依赖于环境与系统的互动。正如瓦特的离心式调速器的控制效果，不仅取决于调速器飞球质量本身，还与整个系统有关。

自动控制理论均是建立在系统基础上，经典控制理论建立在反馈控制系统的基础上，现代控制理论建立在多参数、复杂系统基础上。与此同时，自动化解决问题的切入角也是从系统分析出发，并解决相应的实际问题。

三、自动化信息载体——信号

《控制论》对"控制"的定义：为了"改善"某个或某些受控对象的功能或性能，需要获得并使用信息，以这种信息为基础而选出的、施于该对象上的作用，就叫作控制。由此可见，控制的基础是信息，一切信息传递都是为了控制，而任何控制又都依赖于信息来实现。

自动化设备是实现自动化的工具，构建自动化系统必需的组成环节，这些环节在系统中如何工作、相互间如何协调，必须依靠相互间的信息传递与联络，信号就是实现系统环节间信息传递与联络的载体。信息的获取、转换与传递，各种操作与控制指令的表达与传递、应用等，均依赖于信号，信号是实现自动化的信息载体。

综上所述，自动化技术的核心是"系统"、"信号"、"控制"，即系统构建与分析、信号关联与传递、控制方式与策略。

　　工业自动化技术应用实践要求：以自动化技术知识为支持，以信号为纽带连接相关自动化设备及装置，采取适当的控制策略，构建要求功能的自动化系统，实现对生产过程的控制与管理。即工业自动化的技术核心是——实施"系统"分析、"信号"关联、"控制"手段，保障、维护"环节"与"系统"的协调运行。其中，"信号"在自动化技术中具有重要的作用。

　　除此以外，"反馈"是实现自动控制的最典型、最重要的技术手段。自动化应用与研究之初，就是基于反馈，自动化理论也是基于反馈概念建立起来的，大多数自动控制系统也是以反馈形式构建起来的。"系统"、"信号"、"控制"这一技术核心以及"反馈"必须贯穿于课程体系之中，并在课程内容组织、课程实施过程中得以实质体现。

第二单元　信息与信号

第一节　信息与信息技术

一、信息

在人类活动中，是如何感知自然、认识自然的？

客观事物以各种形式存在于自然中，以各自固有的特征表现出来。比如花草树木、山川河流、春夏秋冬、风雨雷电具有不同的表征形式、特点，如图 2-1 所示。

图 2-1　自然事物图例

人类通过自身的感觉器官来感知这些特征、特点，了解并认识了这些事物。比如通过视觉、听觉、触觉、味觉、嗅觉等感官来接受和感知自然、环境，从而获得对自然、环境的认识。

人与人之间是如何进行交流的？

在没有语言或语言不畅通之前，用手势、动作、表情通过视觉接受并传递到大脑；后来用语言通过声音或文字由听觉、视觉接受并传递到大脑，实现了人与人之间的语言交流。如图 2-2 所示。

图 2-2　人类交换信息方式

有线电话、无线通信的出现，通过电、电磁波及声音来传递双方的思想意识，实现双方的交流。如图 2-3 所示。

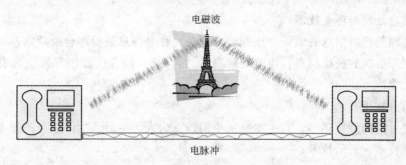

图 2-3　通信信号传递方式

《信息论》创始人（美国科学家，C.仙农，1916—2001 年）认为客观世界的三大要素是物质、能量和信息。在人类社会中，信息具有与物质、能量等同的地位。20 世纪 50 年代以来，由于科学技术的进步，特别是微电子学、通信及网络技术的发展，使得各类信息的传递、联络与交流，无论在空间和时间上都达到空前的规模。

什么是信息？一般认为信息是客观存在的一切事物通过载体所发生的消息、情报、指令、数据、信号和所包含的一切可传递和交换的知识内容。

不同的物质和事物有不同的特征，不同的特征会通过一定的物质形式，如声波、文字、电磁波、颜色、符号、图像等发出不同的消息、情报、指令、数据、信号。这些消息、情报、指令、数据、信号就是信息。

知识也是一种信息，是一种特定的人类信息，是整个信息的一部分。在一定的历史条件下，人类通过有区别、有选择的信息，对自然界、人类社会、思维方式和运动规律进行认识与掌握，并通过大脑的思维使信息系统化，形成知识。

二、信息技术

信息技术（Information Technology，简称 IT），是用于管理和处理信息所采用的各种技术的总称，即指有关信息的收集、识别、提取、变换、存储、传递、处理、检索、检测、分析和利用等技术。

具体来讲，信息技术主要包括以下几方面技术。

（1）感测与识别技术

它的作用是扩展人获取信息的感觉器官功能，包括信息识别、信息提取、信息检测等技术。这类技术可总称为"传感技术"。它几乎可以扩展人类所有感觉器官的传感功能。传感技术、测量技术与通信技术相结合而产生的遥感技术，更使人感知信息的能力得到进一步的加强。

信息识别包括文字识别、语音识别和图形识别等。

（2）信息传递技术

它的主要功能是实现信息快速、可靠、安全的转移，各种通信技术都属于这个范畴。广播技术也是一种传递信息的技术。由于存储、记录可以看成是从"现在"向"未来"或从"过去"向"现在"传递信息的一种活动，因而也可将它看作是信息传递技术的一种。

（3）信息处理与再生技术

信息处理包括对信息的编码、压缩、加密等。在对信息进行综合处理的基础上，还可形成新的更深层次的决策信息，也就是信息的"再生"。信息的处理与再生都有赖于计算机的超凡功能。

（4）信息施用技术

是信息过程的最后环节。它主要解决应用信息为人类生活、生产服务的技术问题，主要包括控制技术、显示技术。

传感技术、通信技术、计算机技术和控制技术是信息技术的四大基本技术。也可以说信息技术就是传感技术、通信技术、计算机技术、控制技术的总称。传感技术就是获取信息的技术，通信技术就是传递信息的技术，计算机技术就是处理信息的技术，而控制技术就是利用信息的技术。这个定义不但给出了信息技术的内容，也明确了信息技术的获取—传递—处理—利用的体系，还理清了感测、通信、计算机、控制这些概念比较明确、领域比较清晰、大众比较有感性认识的技术在信息系统中的作用和相互关系。

传感、通信、计算机和控制技术在信息系统中虽然各司其职，但是从技术要素层次上看，它们又是相互包含、相互交叉、相互融合的。传感、通信、计算机都离不开控制；传感、计算机、控制也都离不开通信；传感、通信、控制更是离不开计算机。

按目前的状况，传感、通信、计算机和控制4大技术的作用并不在相同层次上，计算机技术相对其他3项而言处于较为基础和核心的位置。事实上，在计算机技术产生之前，传感技术、通信技术和控制技术就已经产生了。但那时这些技术的水平还是比较低的，很多操作还需要人工进行。计算机技术产生以来，传感技术、通信技术和控制技术的水平得到了极大的提高。

三、信息技术与自动化技术的关系

正如《控制论》所述：控制的基础依据是信息，一切信息传递都是为了控制，而任何控制又都有赖于信息来实现。自动化要求生产设备、过程按规定的程序或指令自动地进行操作或运行。在这个操作或运行过程中，自动化设备及系统必须能真实、准确、快速地获取设备、过程的运行状态信息，对相关的状态进行判断、运算、决策，并能准确地传递状态信息与控制信息，施加控制作用，以使生产可靠地、稳定地运行。

对于传统的自动化而言，主要任务是对生产过程实施监测与控制，信息反映了生产过程的运行状态，传递了操作与控制指令。随着自动化向管理层面的发展与深入，信息在自动化技术中的内容更为广泛，作用就更加重要。

可以说控制与自动化的核心问题仍然是信息问题。也可以说，自动化技术就是探讨并实施有效的获取信息、传递信息、利用信息，促进物质、能量的有效利用。

从信息技术体系角度看，自动化技术包括信息获取—传递—应用。

① 考虑如何取得设备、过程的特点、状态信息。工程中通过传感检测来实现。

② 其次考虑对信息的传递、加工、处理，涉及信号取舍、形式转换、传递方式、放

大等问题。工程中通过通信与计算来实现。

③ 然后考虑对可用信息的利用。对于自动化技术而言，在自动化技术理论的支持下，以控制设备、过程的状态为目的，考虑对信息的利用，并同时产生控制信息，去控制、调节设备与过程，使之运行在规定的正常状态上，在工程中通过控制装置对信息的理解与实施得以实现。

在信息技术的技术体系中，有目的地进行信息的处理，离不开控制，离不开自动化，自动化技术作为一个基层技术隐含其中，支撑着信息技术。

由此可见，自动化技术支撑着信息技术，信息技术推动着自动化技术的发展。

第二节 信号——信息载体

信号是自动化核心之一，在自动化技术中具有非常重要的地位与作用。

一、信号

1. 信号

在我们的周围存在着为数众多的"信号"，如从茫茫宇宙中的天体发出的微弱电波信号，移动电话发出的数字信号等，都属于我们直接感觉不到的信号，还有诸如交通噪声、人们说话声以及电视图像等人们能感觉到的各种各样的信号。这些众多的信号中，有的载有有用信息的信号，有的只是应当除掉的噪声。

C. 仙农这样理解信号：对客观事物的物理特征进行抽象后的最低级表达层次——信号。如果说"信息"是传递与交换的具体内容、知识、意识，那么"信号"就是信息的一种表现形式。更具体地说，信号是运载信息的工具，是信息的载体。

例如，古代人利用点燃烽火台而产生的滚滚狼烟，向远方军队传递敌人入侵的消息，这属于光信号；当我们说话时，声波传递到他人的耳朵，使他人了解我们的意图，这属于声信号；遨游太空的各种无线电波、四通八达的电话网中的电流等，都可以用来向远方表达各种消息，这属于电信号。人们通过对光、声、电信号进行接收，才知道对方要表达的消息。

在工程中，信号就是一种通过媒介传递的、含有某种信息的实际物理量。

2. 信号的要素

比如，语言交流就是通过声音——"声波"信号形式实现的；电话通讯则是通过"电脉冲"传递信息；无线通讯则通过"电磁波"传递信息；光信号则是通过"光脉冲"传递信息。从这个意义上说，"信号"应该具有两个基本的要素：

① 信号应有一种载体媒介，如"声波"、"电脉冲"、"电磁波"、"光脉冲"等；

② 信号媒介的一种特性或多种特性组合应含有要反映的"信息"，如"声波"、"电脉冲"、"电磁波"、"光脉冲"等能量的强弱、变化快慢及规律应能反映要描述的信息，或者说信息被信号的能量强弱、变化快慢及变化规律等特征所表达。

另外，含有信息的"信号"必须要能被人类所接收、描述、应用才有实际意义。

二、信号的描述

信号能被接收、应用，反映出信号是可能被描述出来的。

1. 数学描述

描述为一个或若干个自变量的函数或序列的形式。如描述一个正弦交流信号，可表示为：

$$i = I_m \sin(\omega t + \phi) \ \text{A}$$

这个表达式中含有的信息：该电流随时间按正弦规律变化，变化的频率为 ω，变化的幅值为 I_m，时间 $t=0$ 时的初始值为 $i = I_m \sin\phi$ A。

在工业生产中，广泛应用电阻的温度特性（称为热电阻）来测量某温度 t，如图 2-4 所示。

图 2-4　热电阻测温　　　　　图 2-5　光电检测元件

在测量过程中，温度 t 大小及变化"信息"由热电阻阻值"信号"来反映。其基本关系为可描述为：

$$R_t = R_0(1 + \alpha t) \ \Omega$$

式中　R_t——温度为 t（℃）时的电阻值，Ω；

　　　R_0——温度为 0℃时的电阻值，Ω；

　　　α——电阻材料的电阻温度系数，1/℃。

如要反映亮度，可用一种光电元件，让被测光照射光电元件，获得一种与光亮度有关的电压信号 u，如图 2-5 所示。

光电元件对外输出的电压 u 为反映亮度 i 的电信号，其电压的大小与变化情况描述光亮度 i 信息：

$$u = f(i)$$

2. 波形描述

按照函数随自变量的变化关系，以曲线、图形方式表示出来。

通常用横坐标表示要反映的信息（自变量），纵坐标（函数）表示传递信息的信号。

如前面提及的信号，通过坐标描述出来如图 2-6 所示。

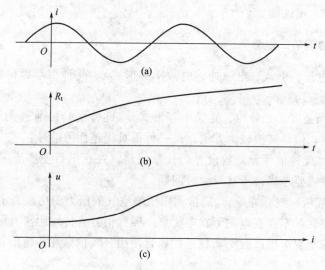

图 2-6　信号的波形描述

三、常用信号种类

现实世界中的信号有两种：自然和物理信号、人工产生信号经自然的作用和影响而形成的信号。

对信号的分类方法很多，按数学关系、取值特征、能量功率、处理分析、所具有的时间函数特性、取值是否为实数等，可以分为确定性信号和非确定性信号（又称随机信号）、连续信号和离散信号、能量信号和功率信号、时域信号和频域信号、时限信号和频限信号、实信号和复信号等。

在实际工程中常用信号种类叙述如下。

1. 按信号的描述形式划分

① 确定信号与随机信号　区别特征：给定的自变量是否对应唯一且确定的信号取值。

对于确定信号，每一个信号值均有一个确定的信息，因此确定信号是最简单、最容易利用的信号。

② 时间连续信号与离散信号　区别特征：自变量的定义域是否是整个连续区间。

③ 模拟信号与数字信号　区别特征：信号值域是否均匀连续，如图 2-7 所示。

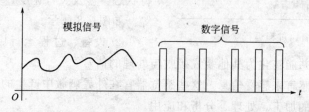

图 2-7　模拟信号与数字信号

模拟信号有时间连续、时间离散之分，主要在于数值为无限个、连续变化；数字信号在于数值为有限个、不连续。

2. 按信号的物理形式划分

① 电信号（电压、电流、电脉冲、电频率等形式） 此种信号因传输、转换、处理、使用方便而被广泛应用。

② 光信号（光强度、光脉冲、光频率等形式） 此种信号可通过光纤传输，容量大；抗电磁干扰能力强；信号转换较为方便。是一种很具优越性的信号。

③ 电磁信号 此种信号无需敷设专门传输线路，在通讯行业广泛应用。但电磁信号容易受电磁干扰，需要考虑抗干扰及滤波问题。

④ 气信号（气压、气脉冲等） 通常利用压缩空气的压力变化来表示某种信息。气信号具有"本安"特性、不存在电磁干扰等优点，但气信号有传输距离有限、滞后大、损失大等不足，在对安全要求很高且距离较近的场合使用。气信号在传输信息的同时，也可同时传输能量。

除此以外，还有液压信号、磁信号等。在自动化工程领域中，使用最为广泛的是电信号、气压信号、电磁信号及光信号。

第三节　信息拾取与传感器

设备、过程操作与运行的状态信息是自动化的基础依据。如何拾取所需信息？如何获得赋予有用信息的信号？

一、信息拾取

要获取设备、过程操作与运行状态，要求两点。

① 设备、过程运行状态应由一种或多种形式的特征物理信息表现出来。

比如加热炉的运行状态，主要是炉内介质的温度高低情况；工业锅炉的运行状态，主要是锅炉液位、蒸汽压力与温度、蒸汽量、炉膛温度等；电动机的运行状态，涉及电机的工作电流、转速、转轴温度等；导弹的运行状态，涉及飞行速度、姿态与角度、高度等。如图 2-8 所示。

图 2-8　设备、过程运行状态

② 设备、过程运行中的特征物理信息能被某种物质感知并能转化为其他装置接收与处理的信号。

人的活动依靠感官来感受信息，这些感觉器官在外界刺激中产生的信号能被大脑所接收，并能进行相应的加工、处理、分析和应用。

在工程应用及自动化领域中，要确知所得信息的真实性，对信号的形式、种类、强弱、特性关系等有着特定的要求，这就要依靠传感器来感知信息并输出相应的信号。

二、传感器

1. 传感器

广义地说，传感器是指能感知某一物理量、化学量或生物量等信息，并能将其转化为可加以利用的信号的装置。如热敏元件、光敏元件、磁敏元件、压敏元件、气敏元件等；人的五官；生物的感觉器官等，均具有感知某种物理信息并能转化为某种信号的能力，如图 2-9 所示。

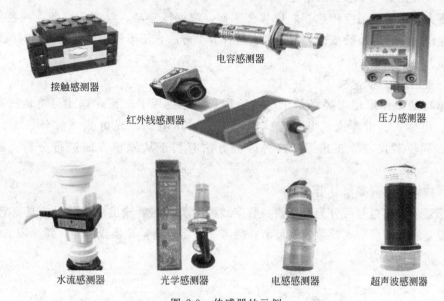

接触感测器　　电容感测器
红外线感测器　　压力感测器
水流感测器　　光学感测器　　电感感测器　　超声波感测器

图 2-9　传感器的示例

传感器的狭义定义是：感受被测物理信息（也称之为被测量），并按一定规律将其转化为同种或别种性质的输出信号的装置。

由于电信号易于传递、处理、运算、存储，且特别易与现代信息处理设备相容，所以，传感器的输出信号一般是电信号（如电流、电压、电阻、电感、电容、电频率等）。

传感器能感知设备、过程的操作与运行状态信息并转化为信号，需要满足必要的条件：

① 传感器中具有一种特殊材料（敏感元件），对所要检测的物理信息具有很高的敏感性；

② 敏感元件获得的信号与所表现的信息之间具有确定的关系，且能直接应用或再转化应用。

也就是说传感器本身具有将物理信息赋予到输出信号特征量上的能力。

2. 传感器的分类

传感器是感知、获取与检测信息的核心，是实现信息技术的首要环节。传感器技术与检测技术几乎是现代科学技术发展的保证，没有传感器对原始信息进行精确可靠的捕获和转换，就没有现代信息技术，没有传感器就没有现代科学技术的迅速发展。

随着科技的进步，传感器的应用越来越广泛，在航空航天、国防、能源开发、工矿企业、科学研究、医疗卫生、环境保护、家用电器、农业生产、生命科学等领域正发挥着重要的作用。如家用电器中温度传感器，工矿企业中气体检测器，医疗设备中影像传感器，航空航天器中高性能的摄影传感器（CCD电荷耦合器），在监控领域大显身手的红外传感器等。

由于传感器的迅速发展，品种已达数万。在工业生产中，常做如下分类。

（1）按被测量（传感器的用途）分类

如压力传感器、温度传感器、位移传感器、浓度传感器、温度传感器、颜色传感器等。相应地，传感器一般按被测量命名。这种分类方法，便于使用者根据被测对象选择所需传感器。

（2）按工作原理分类

传感器的工作原理主要是基于电磁原理和固体物理学理论。据此可将传感器分为电阻式、电感式、电容式、电涡流式、热电式、压电式、光电式（红外、光纤等）、超声式、同位素式、微波式等。这种分类方法有利于从原理方面进行分析、设计和应用。

（3）按输出信号类型分类

传感器的输出信号可分为模拟式与数字式两大类。前者输出模拟信号，具有直观性，与数字设备相连需要引入模数转换环节；后者一般将被测量转换成脉冲、频率或二进制数码输出，抗干扰能力强。

第四节　信号转换放大与干扰消减

一、信号转换与放大

传感器的输出信号形式取决于传感器本身。为了传输的需要，为了接收设备对信号形式、种类及大小、变化特性需要等，信号在传输、施用中可能进行一次或多次的转换。比如电阻式传感器，其信号形式为阻值，不便于传输，应考虑转换为电压信号。模拟信号与数字设备相连，要考虑模拟信号向数字信号的转换；数字信号要驱动模拟设备，则需转换为模拟量。电信号转换为光信号可通过光纤传输等。

通常传感器输出信号很小，不宜传输、不便施用，有些器件、设备对信号有阈值要求，特别是对于数字设备及逻辑设备而言，存在高电平与低电平的定义，所以信号应符合标准，否则可能造成逻辑上的错误。因此，信号传递、转换或施用前需要进行适当的放大，放大后的信号应具有原信号的全部信息特征。

二、干扰与干扰消减

根据信号的种类，对于信号的传输有不同的技术要求与传输方式。

工程应用中的信号大多数为电信号，信号的传输则是以传输导线为主，如图 2-10 所示。

图 2-10　信号的传输

1. 信号管线的阻抗特性影响

电信号沿导线传输，电荷会受到导体的电阻作用，导线与导线、导线与器件间存在着电容，即存在着对能量的储存，同时传输导线上也存在着感抗，对于信号的变化也会产生抑制作用。

气压信号沿管线传输时，也会受到管线的阻力作用，信号路线也存在着容量。

这些阻碍作用、容量储存等因素将会导致信号能量的损失，信号数值降低，原始信号的变化不能及时得到反映，时间上造成滞后。特别对于脉冲信号、频率信号等，因管线的频率响应会造成信号波形失真，频带范围受限，甚至可能造成振荡干扰。

图 2-11 所示为信号经传输线路后受到影响的结果。

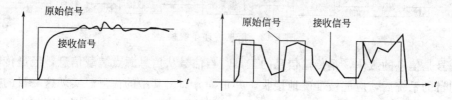

图 2-11　信号传输之后受影响的结果

同时导线的质量本身也可能在信号通过时产生噪声。

2. 周围环境的电磁、静电干扰

现代生活、生产离不了电气设备，电磁场无处不在，特别是存在大功率电气设备的场所。电磁感应是一种基本现象。

环境中存在的电磁场将在信号传输导线中产生电磁感应，导线中会出现感应电势叠加在原始信号中，特别严重时会淹没原始信号。

静电感应也是一种干扰源，在传输导线各处，静电感应强度不一，沿信号线各处静电电位不等，同样产生附加的电势。

除此以外，电源波动、雷电、温度、湿度的变化及接触点等均可能在传输线上产生附加电势。

3. 干扰的消减与滤除

干扰无处不在，信号中或多或少都存在着非信息本身的信号，在传输与利用信号过程中，需要去设法消减、滤除干扰，保证信息的真实性。

信号传输中：

① 要考虑信号的电磁屏蔽、防雷、防静电、接地问题，以及导线的特性阻抗匹配等技术问题；

② 同时考虑对信号种类的选择，不同类型的信号自身抗干扰的能力不同，因此要选择一种适合的、可行的信号类型进行传输；

③ 信号接收中去除干扰的方法一般可借助滤波实现。

滤波的方法有多种，考虑信号的特征频率、频谱等特性，通过高通、低通、带通与带阻、采样频率等手段，尽可能地去除干扰，获得真实的信号。

第五节　信号制式与传输规则

获取信息的最终目的是被应用，为人类生活与生产服务。一个信息源点（信息产生者）被传递到信息终点（消费者）获得应用，需要经过图 2-12 所示的过程。

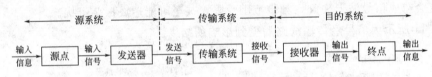

图 2-12　信息传递系统模型

信号是信息的载体，是传输信息的工具。当信号从信息源点装载信息，经过传输网络传递到目的系统后，应能被准确地接收，并正确分离出其中的信息。实现这一目的需要一个发送方与接收方都能理解并共同遵守的信号传输的标准、约定或规则，正如人类之间交谈时，应约定同一语言一样。

在自动化领域中，信号所装载的信息主要是操作指令与数据类信息。要从信号中得出操作指令、数据信息，必须清楚指令、数据信息是以什么格式、组织关系被赋予到信号的什么特征上的，也就是说必须首先找出操作指令、数据与信号特征间的关系。

一、信号制式

在现代信息传递网络出现之前，信息主要是在两个硬件间单向地、一对一交换，信息功能主要在于两硬件间的连接与控制，信息较单一，容量小，格式简单，信息载体主要是模拟量或简单脉冲量信号，信息传输依靠单回路结构即可实现，信息传递系统结构简单，如图 2-13 所示。

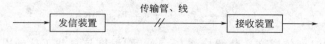

图 2-13 简单信息传递系统

在这种简单的信息传输系统中，采用的两硬件间实现传递与接收、相互理解、共同遵守的信息传递规则被称为信号制。

在这种信号制中，一方面主要是规定了建立、维持及断开物理通道所需的机械、电气、功能性和规程性的特性，其作用是确保信号能在物理通道上传输；另一方面是约定了信息的一种简单表达形式，如用电流的大小来表示一个温度信息的大小或者控制作用的强弱。

（1）模拟信号制式

模拟信号制式出现时间很早，主要用于模拟量设备之间进行信息的传递。

对于电动类装置，初期主要采用 $0\sim10\text{mA DC}$ 与 $0\sim2\text{V DC}$ 信号标准。鉴于此种信号制式存在混淆"0"值与断路状态，以及其他一些原因，国际标准规定了一种现今仍广泛应用的信号制式：$4\sim20\text{mA DC}$ 与 $1\sim5\text{V DC}$。对于气动类装置，主要采用 $20\sim100\text{kPa}$ 气压信号制式。

这种信号制式表达的信息单一，模式简单，主要是用模拟信号量的数值大小来描述所要表达的信息程度，如图 2-14 所示的正比关系。

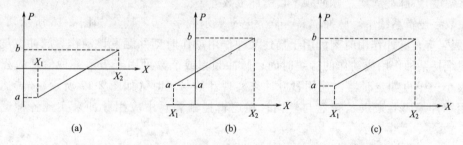

图 2-14 信息、数据与信号呈线性关系

图 2-14（a）、（b）、（c）都具有唯一性，一个确定的信息、数据对应一个确定的信号大小。反之，一个确定的信号大小，对应着一个确定的信息、数据大小。两者之间的关系可表示为：

$$P=\frac{b-a}{X_2-X_1}(X-X_1)+a \quad \text{或} \quad X=\frac{X_2-X_1}{b-a}(P-a)+X_1$$

【例】用一个差压变送器测量容器液位。已知容器液位范围为 $H=0\sim3\text{m}$，对应的变送器输出信号范围为电流 $I=4\sim20\text{mA}$。求：①变送器输出电流为 12mA 时，对应容器液位 H 为多少？②若已知容器液位为 2m，变送器输出电流为多少？

解 变送器在测量变送中，通常是采用正比线性关系叠加信号的。

① 变送器输出电流为 12mA 时，容器液位 H 为：

$$H=\frac{3-0}{20-4}(12-4)+0=1.5\text{m}$$

② 变送器输出电流 I 为：

$$I=\frac{20-4}{3-0}(2-0)+4=14.67\text{mA}$$

同样情况，如温度传感变送装置检测 0～1000℃ 温度信息并正比地以 4～20mA DC 信号形式传递给显示仪表，当显示仪表接到 16mA DC（有效信号一半）电流时，将显示出 500℃。又如，某控制装置产生 20～100kPa 的气压信号送控制阀，当控制阀接到 60kPa（有效信号一半）气压时，将驱动阀门开度为 50%。

（2）脉冲（开关）信号制式

脉冲是指在很短时间内出现的电压或电流信号。常见脉冲波形如图 2-15 所示。

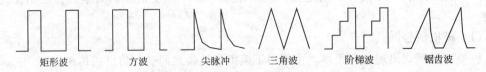

| 矩形波 | 方波 | 尖脉冲 | 三角波 | 阶梯波 | 锯齿波 |

图 2-15　常见脉冲信号波形

由于脉冲具有较多的特征参数，加上脉冲信号通常具有突变性、短促性，可以承载更多的信息，除常规数据信息以外，还用于承载操作指令，所以在自动控制、数字技术、计算机、通讯及多种电气装置等方面得到广泛的应用。

脉冲承载信息所用的特征主要集中于脉冲宽度、作用时刻（上升或下降）、脉冲高低电平（幅度）、脉冲周期、脉冲频率、脉冲个数等。

在数字逻辑系统中，脉冲"高、低"电平表示数字"0、1"（如图 2-16 所示）、逻辑"真、假"等；脉冲作用时刻可用于描述某种作用动作时刻并触发该动作；脉冲宽度可用于描述维持某种作用或动作的持续时间；脉冲频率或个数可用于表示某种信息的程度或数据大小……再如定时器内使用秒脉冲来实现计数与定时（如图 2-17 所示）；转速测量中使用脉冲编码器来表示转速与转向；在逻辑控制装置中应用脉冲来实现各种逻辑运算等。

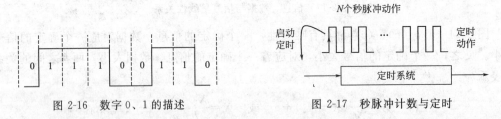

图 2-16　数字 0、1 的描述　　　图 2-17　秒脉冲计数与定时

随着数字技术、计算机技术、通讯技术的发展，脉冲及其脉冲技术具有更为重要的作用。

二、通讯协议

随着现代信息技术的发展与应用，信息传输不再局限于两个硬件之间进行，而是在复杂网络结构实体（硬件、软件）间多对多、双向、数字化方式进行信息交换，同时传输的信息复杂、海量，前述用于简单传输系统的信号制式无法用于这一任务，需要一整套信息传输规则来约束、控制实体间的信息交换，保证信息传递与交换得以正常进行。

网络系统中两实体间相互理解、共同遵守的控制信息传递与交换的规则的集合，就称之为通信协议（网络协议）。计算机网络的协议主要由语义、语法和时序规则三部分组成，也称为协议三要素。语义：规定通信双方彼此"讲什么"，即确定协议元素的类型，如规定通信双方要发出什么控制信息，执行的动作和返回的应答。语法：规定通信双方彼此"如何讲"，即确定协议元素的格式，如数据和控制信息的格式。时序：规定了信息交换的次序。

协议只有通过权威的标准化组织标准化，作为标准出版，才能为业界共同遵守，为商用产品所采纳，才能使信息传递网络协同工作，顺利完成信息传递功能。不同的网络，其网络系统结构不同，描述其通信控制功能的协议也不同。换言之，不同的协议规定了不同性质的网络。

在当代网络技术中，ISO 与 OSI 体系结构模型是定义网络协议的主要模型（即 OSI 开放系统互连）。它定义了一个可为所有网络通信使用的一般功能集，然后将这些功能组织成一个有层次的体系结构。图 2-18 描述了开放互连系统参考模型，从低到高分为七层：物理层、数据链路层、网络层、传输层、会话层、表示层和应用层。

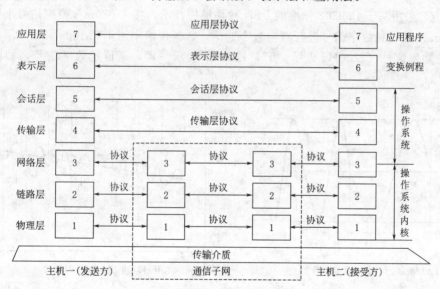

图 2-18 OSI 七层协议

第 1 层物理层，完成传递信息和协议附加信息转换为光信号或电信号在网络上传输的功能。

第 2 层数据链路层，实现网络地址寻址、路由的功能，提供点对点通信。

第 3 层网络（接入）层，完成分组传送和路由选择功能，实现网络上的交换。

第 4 层传输层，完成控制源端到目的端的数据传输的功能。

第 5 层会话层，在面向连接协议中完成维持与目的端应用程序的对话功能。

第 6 层表示层，定义数据网络抽象和表示的协议，作为实用例程序库来实现。

第 7 层应用层，该层为支持分布式应用软件提供管理功能，也是网络通信所必需的用户应用程序接口。

这七层协议并非被具体协议全部定义。

协议的工作可这样表述：发送信息的主机先将信息传到应用层，由上往下传送，数据经过每一层时，所使用的协议都给信息加上一个协议头，然后将加上协议头的信息传到下一层，下一层所使用的协议再给它加上一个协议头，继续向下传递，最后由物理层经硬件设备发送到网络上。接收信息的计算机则相反，信息是由下往上传递的，每经过一层时，都剥去相应的协议头，然后继续向上传递。最后传给用户的信息将是剥去所有协议头的，即最原始的信息。

按 OSI 协议，前述简单信息传递网络中所定义的信号制式，相当于只使用了第一、二层及第七层。

HART 协议（Highway Addressable Remote Transducer）——可寻址远程传感器高速通道的开放通信协议，是美国 Rosement 公司于 1985 年推出的一种用于现场智能仪表和控制室设备之间的通信协议。HART 装置提供具有相对低的带宽、适度响应时间的通信，经过 10 多年的发展，HART 技术在国外已经十分成熟，并已成为全球智能仪表的工业标准。

HART 采用基于 Bell202 标准的 FSK 频移键控技术。在 4～20mA 模拟信号上叠加幅度为 0.5mA 的音频数字信号进行双向数字通信，数据传输率为 1.2Mbps。HART 协议采用不同的频率信号（2200Hz 表示"0"，1200Hz 表示"1"）来传送数字信号，如图 2-19 所示。

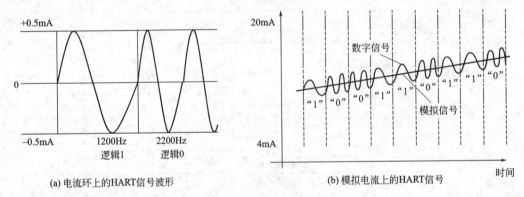

(a) 电流环上的HART信号波形　　　　　(b) 模拟电流上的HART信号

图 2-19　HART 协议

由于 FSK 信号的平均值为 0，不影响传送给控制系统模拟信号的大小，保证了与现有模拟系统的兼容性。在 HART 协议通信中，主要的变量和控制信息由 4～20mA 传送，在需要的情况下，另外的测量、过程参数、设备组态、校准、诊断信息通过 HART 协议访问。

HART 通信采用的是半双工的通信方式，其特点是在现有模拟信号传输线上实现数字信号通信，属于模拟系统向数字系统转变过程中的过渡性产品，因而在当前的过渡时期具有较强的市场竞争能力，得到了较快发展。

第三单元　自动控制基本形式与系统构建

在具体介绍控制形式与系统构建之前，有必要先了解一些基本术语。

被控对象或对象——需要被控制的工作设备、机器以及过程为被控对象或对象。

被控变量、被控参数——表征被控的工作设备、机器以及过程的工作状态并需要加以控制的物理参数，称为被控变量。广义地说，它是一个环节或系统受到作用后（控制作用或干扰作用）被控制物理量的反应，也叫环节或系统的输出量。

控制量、设定值——要求被控制的工作机器、设备或过程的工作状态应保持的数值。广义地说，需要某一环节或系统的工作状态达到所要求的目标而对环节或系统施加的作用量，也称为环节或系统的输入量。

扰动量（干扰）——使输出量偏离所要求目标，或者说妨碍达到目标所作用的物理量称为扰动量。对于环节或系统来说，它也是受到的一种输入作用，是输入量的一种。

测量值——是检测元件与变送器获取的输出量信号。

偏差——被控对象的实际输出量设定值或状态值与实际测量值或状态值之差。

由第一单元知道，控制形式主要是两种基本形式：开环控制和反馈（闭环）控制。

第一节　自动控制基本形式——开环控制

一、基本开环控制

图 3-1 所示为数控机床中广泛应用的定位系统的框图。工作台的位移取决于脉冲控制量，即工作台的位移是该系统的被控变量，它是跟随着控制信号（控制脉冲）而变化的。

图 3-1　步进电机定位控制系统

类似的控制系统很多，如洗衣机的工作过程控制等。

在此类控制系统中，输入量直接经过控制器作用于被控对象，所以只有输入量影响输出量。控制系统结构如图 3-2 所示。

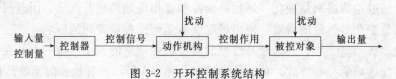

图 3-2　开环控制系统结构

只有输入量影响对象的输出量（被控变量），被控变量只受控于控制量，而被控变量不能反过来影响控制量的控制形式，称为开环控制。

在任何开环控制中，系统的输出量都不被用来与参考输入量进行比较，因此，对应于每一个参考输入量，便有一个相应的固定工作状态与之对应，这样，系统的精度便决定于校准的精度（为了满足实际应用的需要，开环控制系统必须精确地予以校准，并且在工作工程中保持这种校准值不发生变化）。

如果在动作机构或被控对象上存在干扰，或者由于控制器器件老化、动作机构部件误差、被控对象结构或参数发生变化，均会导致系统输出的不稳定，使输出值偏离预期值。

如果系统的给定输入与被控变量之间的关系固定，且其内部参数或外来扰动的变化都较小，或这些扰动因素可以事先确定并能给予补偿，则采用开环控制也能取得较为满意的控制效果。

二、补偿控制形式

什么是补偿控制呢？下面通过图 3-3 所示蒸汽换热器被加热物料出口温度控制的实例来说明。

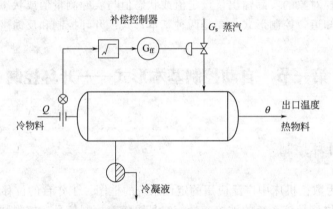

图 3-3　蒸汽换热器出口温度补偿控制系统

图 3-3 中工艺过程为：被加热物料 Q 在换热器管内通过，高温蒸汽通入换热器壁与管子间隙，高温蒸汽所携带的热量被管内物料吸收后冷凝为液体，从排液口排出。工艺要求物料被加热，物料出口温度应保持在规定值上。

如果生产过程中被加热物料发生变化，将会造成热物料出口温度变化。进料量变大，出口温度将低，进料量减少，出口温度增高。要保持出口温度稳定，那么蒸汽量应随进料量改变：进料量增加，蒸汽量随之加大，进料量减少，蒸汽量相应减少。如此，图 3-3 所示控制系统通过检测进料量变化，通过补偿控制器相应地调整蒸汽量，用蒸汽热量的增减来补偿物料量变化对热量的需要，使出口温度不受到进料量变化的影响。

这种检测扰动量大小，并通过补偿控制器根据扰动量的大小产生一个补偿控制量来抵消扰动对系统影响的控制方式，称为补偿控制。图 3-4 所示为补偿控制系统结构图。

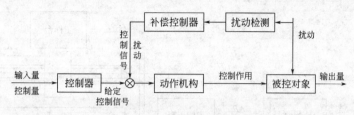

图 3-4 补偿控制系统结构

补偿控制就是检测那些作用于系统的各种可以测量的输入量和主要的扰动量，分析它们对系统输出的影响关系，在这些可测量的输入量和主要扰动量的不利影响产生之前，通过及时采取纠正措施，来消除它们的不利影响。补偿控制也叫前馈控制。

事实上，补偿控制是在干扰进入系统的同时补偿控制作用亦开始产生，用补偿控制对对象的反向作用效果去抵消干扰的影响效果，在时间上补偿控制与干扰作用是同步的。补偿控制中检测到的扰动信号实际上只是补偿控制器的给定信号，补偿控制器是按扰动量及其对系统的影响，预测产生一定的补偿作用，因此，补偿控制也叫扰动控制。

从图 3-4 可知，补偿控制的信号传输从扰动源到扰动检测、补偿控制器、动作机构，直至被控对象的输出量，始终是单向的，没有形成闭环，没有反馈，所以属于开环控制。

补偿控制需要对扰动量进行检测，并且必须确定此扰动对系统产生的影响关系，才能合适地设置补偿控制器参数，因此，适用于扰动可测量的场合，仅针对于特定的扰动有效，对其他扰动影响完全不具有补偿效果。补偿控制属于开环控制，控制通道各个环节的参数若不准确，将直接影响到补偿效果，也就是说，补偿控制精度直接依赖于扰动检测环节、补偿控制器以及动作机构的精度。

显然无论是基本开环控制或是补偿开环控制，其控制的精度完全取决于控制通道各环节精度与参数的稳定性。一旦精度或参数变化，必须重新进行参数设置与精度校正。那么有没有一种能自动进行校正并基本不受各环节精度或参数变化影响的控制形式呢？答案是采用闭环反馈控制形式。

第二节　自动控制基本形式——闭环控制

一、反馈控制

如果在控制器和被控对象之间不仅存在正向作用，而且存在着反向的作用，把输出量直接或间接地送回到系统的输入端，形成闭环，即系统的输出量参与控制，对控制作用具有直接的影响，那么这种系统叫闭环控制系统。

如图 3-5 所示数控机床工作台闭环进给控制系统，对输出量进行测量，并将测量的结果送回到输入端，与输入量相减得到偏差，再由偏差产生直接的控制作用去消除偏差。

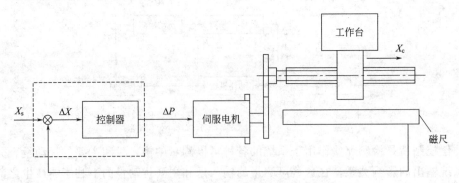

图 3-5 数控机床工作台闭环进给控制系统

图中，X_s 为输入位移指令，是工作台位移输入量；X_c 为工作台实际位移量，是输出量；工作台是被控对象；伺服电机齿轮传动及丝杠螺母是执行机构；磁尺用来测量工作台的位移量，是测量元件。

为了保证工作台能依输入量作随从运动，控制器同时接收输入量 X_s 和磁尺测量出的代表工作台位移 X_c 的量，比较得出差值 $\Delta X = X_s - X_c$，并根据此差值产生控制信号，控制伺服电机驱动齿轮丝杠传动机构，带动工作台移动去减小差值。这种根据偏差而产生控制作用的方式叫偏差控制。

将检测出来的输出量送回到系统的输入端，并与输入量比较，称为反馈。其控制结构如图 3-6 所示。在这样的结构下，系统的控制器和被控对象共同构成了前向通道，而测量装置构成了系统的反馈通道，整个控制系统形成一个闭合环路。闭环控制系统由前向通道与反馈通道构成。

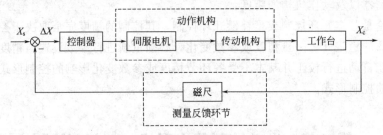

图 3-6 闭环进给控制系统结构图

由于闭环控制是根据反馈原理按偏差进行控制的，所以也叫反馈控制。

在控制系统中，反馈的概念非常重要。在图 3-6 中，如果将反馈环节取得的实际输出信号加以处理，并在输入信号中减去这样的反馈量，再将结果输入到控制器中去控制被控对象，称这样的反馈为负反馈；反之，若由输入量和反馈量相加作为控制器的输入，则称为正反馈。

在一个实际的控制系统中，具有正反馈形式的系统一般是不能改进系统性能的，而且容易使系统的性能变坏，因此不被采用。而负反馈形式的系统能自动修正偏离量（偏差），使系统趋向于给定值，并抑制系统回路中存在的内扰和外扰的影响，最终达到自动控制的目的。通常，反馈控制就是指负反馈控制。

再如前面提到过的用蒸汽对物料进行加热的换热器温度控制问题。反馈控制的思路为：检测物料出口温度并与温度的设定值进行比较，将其差值送控制器，这就是负反馈获得偏差；控制器将根据偏差的大小与方向，按预定的一种控制策略产生控制信号送调节阀；控制信号驱动阀门开度变化，改变蒸汽量的大小，达到调整并稳定物料出口温度的目的。按此思路构建换热器物料出口温度闭环控制系统（负反馈控制系统），如图 3-7 所示。

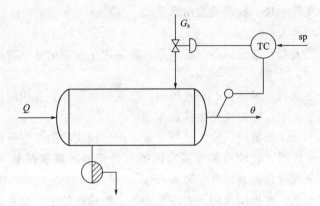

图 3-7　换热器物料出口温度闭环控制系统

二、闭环控制系统的基本结构

一个水池水位自动控制系统如图 3-8 所示。在这个水位控制系统中，水池的进水量 Q_1 来自电动机控制开度的进水阀门。在用户用水量（出水量）Q_2 随意变化的情况下，保持水箱水位在希望的高度不变。

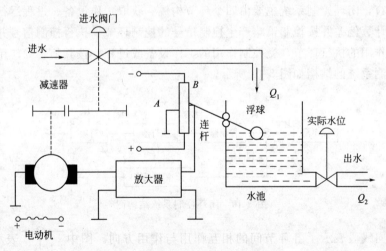

图 3-8　水池水位自动控制系统

希望水位高度由电位器触头 A 设定，浮子测出实际水位高度。由浮子带动的电位计触头 B 的位置反映实际水位高度。A、B 两点的电位差 $E = H_A - H_B$ 反映希望水位与实际水位的偏差。当实际水位低于希望水位时，$E > 0$，通过放大器驱使电动机转动，开大进水阀门，使进水量 Q_1 增加，从而使水位上升。当实际水位上升到希望值时，A、B 两个触头在同一位置，$E＝0$，电动机停转，进水阀门开度不变，这时进水量 Q_1 和出水量 Q_2 达到了新的平衡。若实际水位高于希望水位，$E＜0$，则电动机使进水阀门关小，进水量减少，实际水位下降。

这个系统是个典型的闭环控制系统。在该系统中相关参数为：控制量是希望水位的设定值；被控变量是实际水位；扰动量是出水量 Q_2。

闭环系统构成环节为：

控制环节——放大器，接受偏差，按关系运算后产生控制信号（特别注意：控制信号体现在变化量上）；

执行环节——电动机、减速器、进水阀门，接受控制信号，在控制信号驱动下改变阀门开度，调整进水量大小，对对象产生控制作用；

检测传感环节——浮子机构，检测被控变量，产生相应的测量信号；

比较环节——电位器，比较被控变量实际值与设定值，获取偏差（在实际控制系统中，通常将比较环节设置在控制环节中完成）；

被控对象——水池，在控制作用下实现要求的工作状态的生产设备。

系统的方块图如 3-9 所示。

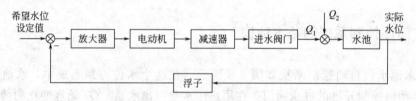

图 3-9　水池水位控制系统结构方块图

一般而言，闭环控制系统主要由四个环节构成：获取工作设备、过程运行状态的检测传感环节，计算偏差并按控制策略产生控制信号的控制环节，执行控制信号并对工作设备与过程施加作用的执行环节，受控制作用的工作设备或过程。按其信号的作用方向及关系可得闭环控制系统的结构如图 3-10 所示。

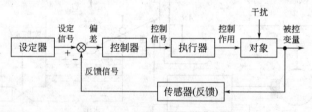

图 3-10　闭环控制系统结构图

图中有向线段表示了各环节间的相互作用与作用方向。图中 ⊗ -　表示比较环节，"－" 表示负反馈。

对闭环控制系统而言，其控制作用过程通常可描述为：被控对象（设备、过程）受外界或内部干扰作用后，工作状态参数会发生变化，偏离设定值；通过传感检测装置获取工作设备、过程的实际状态信息；送入控制器，与设定值相比较并计算偏差；控制器根据设定与实际状态间的差异，按照控制器中预先规定的某种规律，产生控制信号；传送控制信号到动作执行器，按控制信号的要求，对设备、过程施加作用，克服干扰的影响，使设备、过程回复到正常工作状态。

在这个过程中，要求控制的作用与干扰的作用相反，也就是说控制系统通过控制信号产生的控制作用去克服干扰产生的影响。

如果要进一步提高闭环控制动态性能与精度，可以考虑复合控制：将按偏差控制与按扰动控制结合起来，对于主要扰动采用适当的补偿装置实现扰动控制。同时，再组成反馈控制系统实现按偏差控制，以消除其余扰动产生的偏差，组成一个复合的前馈-反馈控制，如图 3-11 所示。

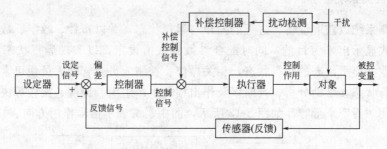

图 3-11　前馈-反馈控制系统组成图

三、闭环控制与开环控制比较

归纳一下开环与闭环控制系统各自的特点如下。

① 开环控制系统中，只有输入量对输出量产生控制作用。从控制结构上来看，只有从输入端到输出端的信号传递通道（该通道称为前向通道），控制系统简单，实现容易。

闭环控制系统中除前向通道外，还必须有从输出端到输入端的信号传递通道，使输出信号也参与控制，该通道称为反馈通道。闭环控制系统就是由前向通道和反馈通道组成的，控制系统结构复杂。

② 闭环控制系统由于存在系统的反馈，可以较好地抑制系统各环节中可能存在的扰动和由于器件的老化而引起的结构和参数的不稳定性，即能抑制内部和外部各种形式的干扰，因此，可采用不太精密和成本较低的元件来构成控制精度较高的系统。

开环控制系统因为输入量与输出量之间没有反馈联系，所以对干扰所造成的误差，系统不具备修正能力。因此，开环控制系统的控制精度完全由采用高精度元件和有效的抗干扰措施来保证。

③ 开环控制是由输入量直接产生控制作用，动作较快，且输出与输入具有对应关系，系统是稳定的。

闭环控制是在检测到干扰影响之后，响应速度较慢，但反馈环节的存在可较好地保证系统的控制精度及改善系统动态性能。当然，如果引入不适当的反馈，如正反馈，或者参数选择不恰当，不仅达不到改善系统性能的目的，甚至会导致一个稳定的系统变为不稳定的系统。稳定是闭环控制系统正常工作的必要条件。

④ 闭环控制的最大特点是检测偏差，纠正偏差，适用于控制精度要求较高的场合。

开环控制虽然也可达到很高的控制精度，但总体而言适用于控制精度要求不太高的场合。

第三节　自动化系统分类

按系统的功能任务与系统构建差异，自动化系统可分为三类，分别是自动检测系统、自动控制系统、自动报警与联锁保护系统。

1. 自动检测系统

自动检测系统以获取设备、过程的操作与运行状态，并以指针、数字、数据表格或图形及其他形式显示出来为目的，同时配合参数警戒值设定，以实现运行状态的监控与报警。通过获取并显示出来的运行状态，相关操作、控制人员及管理人员便可掌握设备、过程及生产运行状态，帮助分析、判断以及作出相关生产组织、调度、操作等决策。这类系统的任务可用"看"来形容。如图 3-12 所示，图中箭头表示信号作用方向。

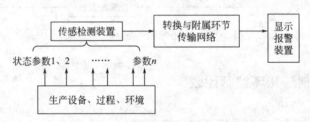

图 3-12　自动检测系统

随着通信技术、网络技术的发展及应用深入，自动化检测系统正向网络化方向发展，通过有线网络、无线网络构建网络检测、监控系统，如环境监测系统、楼宇监测系统、危险源监测系统、图 3-13 所示厂级集中监测系统（SIS）等。

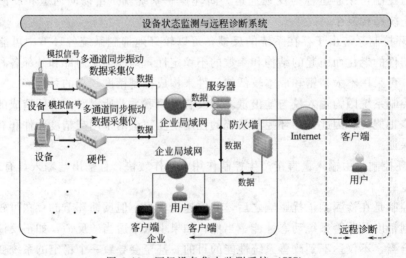

图 3-13　厂级设备集中监测系统（SIS）

分析自动检测系统的任务过程，主要涉及信息获取、信号转换与传输以及信息处理三个过程。也就是说自动检测系统的结构主体是传感检测环节、信号转换与传输环节、信息处理与显示环节。

在系统中，传递的信息是现场运行状态类数据信息，信号是单向传递的，由现场经传输转换环节到监控室或集中监控点。

2. 自动控制系统

（1）按控制方式分类

自动控制系统按其控制方式可分为两类，一是开环控制系统，也可称为自动操作系统；一是闭环控制系统，也可称之为反馈控制系统。

① 自动操作（操纵）系统——开环控制系统　自动操作系统的主要目的是实现在无人干预的情况下，操作装置按预先设定的步骤、程序规定的动作，对设备或过程自动进行相关的操作。这类系统的任务可用"做"来形容。

比如，手动遥控操作航空器、全自动洗衣机、数控车床步进电机开环进给系统等以及基于时基工作的控制系统，均属于自动操作类系统（操作效果不能送回自动修正操作方式）。可用图 3-14 表示。

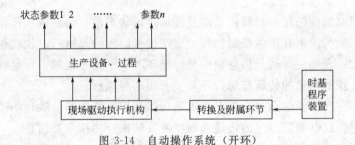

图 3-14　自动操作系统（开环）

自动操作（操纵）系统存在的问题是"做"之后的效果怎样？是否实现了预定的目标？这类有关结果的问题不属系统考虑的范畴。

分析自动操作系统的任务过程，它主要涉及操作指令的产生、操作指令的转换与传输、操作指令的实施三个过程。也就是说自动操作系统主体结构是指令产生环节（控制装置）、指令转换与传输环节、指令执行环节。

在系统中，产生与传递的信息是操作指令信息，信号传递也是单向的，由集中控制室或控制装置经传输转换环节到现场。

② 反馈控制系统——闭环控制系统　反馈控制系统的功能是自动检测设备、过程的运行状态，与设定状态进行比较，根据其偏差情况，按一定的方式或规律产生控制信号，自动调节设备、过程的运行状态，克服干扰的影响，最终达到设定运行状态。如图 3-15 虚线框内结构所示。

反馈控制系统结合了"看"、"做"，同时还具有"想"的能力。根据传感检测——"看"的情况，进行比较、判断、运算、决策——"想"，调整执行与操作行为——"做"，使"做"的效果与设定目标一致。反馈控制系统必有一关键环节：反馈，即根据控制结果——传感检测送来的数据，修正控制行为，也正因为反馈的引入，形成了闭环结构——

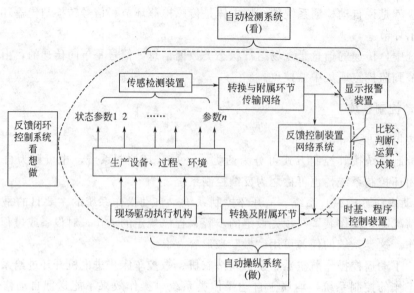

图 3-15 反馈（闭环）控制系统

闭环控制系统。

分析反馈控制系统的任务过程：它涉及现场运行状态信息的获取与传输，对现场运行信息的分析、判断与决策并产生控制信号，控制信号的传输及执行。也就是说反馈控制系统的主体结构为：现场生产运行信息获取与传输环节——传感检测、信息处理环节——控制装置与网络、控制信息的传输与执行环节——驱动与执行。

在系统中，存在两类信息：一类是由现场传递到控制装置的反映现场运行状态的数据信息，另一类是由控制装置产生的传递到现场需要被执行的指令类信息。

从系统功能与结构比较，反馈控制系统通过控制装置与网络实现了自动检测系统、自动操作系统的连接。

（2）按设定值特点分类

按设定值情况又可分为定值控制系统、程序控制系统、随动控制系统等主要类型。

① 定值控制系统 设备、过程的运行状态设定值为恒定不变的自动控制系统。如加热炉的恒温控制系统，如图 3-16 所示。

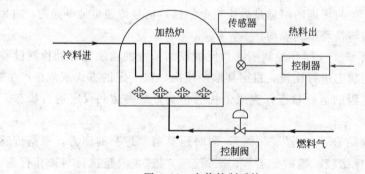

图 3-16 定值控制系统

工艺过程：物料通过加热炉内管道，吸收加热炉炉膛热量后，温度升高到设定温度，由出口管送出。加热炉炉膛热量由燃料气在炉膛内燃烧产生。

干扰因素：冷物料进料量变化，冷物料温度、压力变化，燃料气流量、压力变化。

控制过程：传感检测装置感知热料出口温度，并转化为电信号，与设定温度对应的电信号比较，两者不等时，控制器便会根据差值的大小与极性产生相应变化的控制信号，开大或关小控制阀，改变燃料气量的大小，调节炉膛热量（温度），达到控制热料出口温度的目的。

② 程序控制系统 当自动控制系统的设定值是已知的时间函数时，这类控制系统为程序控制系统。

如工业窑炉的温度控制要求：在第一时间段内，将窑炉内温度升到温度 T_1，保持此温度预热为第二段时间 t_2，然后在第三时间段内将温度升至 T_2，在第四时间段内保持温度不变，最后在第五时间段内，将温度降到常温，完成整个加热过程。以此窑炉内温度为控制指标时，运行温度要求如图 3-17 所示，其温度指标按程序规律性地改变，为程序控制系统。

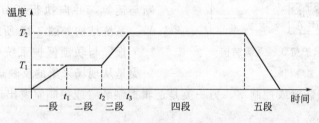

图 3-17 窑炉运行温度控制

程序控制系统可以是开环的，也可以是闭环的。如果利用反馈技术实现闭环控制，则可以提高系统的运行控制精度。

③ 随动控制系统（伺服系统） 在自动控制系统中，设定值为预先未知的随时间变化的函数，这种反馈控制系统为随动控制系统（也叫伺服控制系统）。如导弹跟踪系统、雷达导引系统、航天器导引系统等，其目标参数并非预先确定，那么跟踪系统需要随目标参数自动捕获而实时进行调整。

如图 3-18 所示，导弹在跟踪敌方飞行器的飞行控制过程中，跟踪方位随敌方目标不断进行调整，从而最终击中目标。

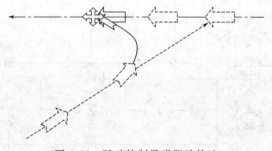

图 3-18 随动控制导弹跟踪轨迹

3. 自动报警与联锁保护系统

生产设备、过程在运行中存在着多种干扰，使设备、过程的运行偏离设定状态，自动控制系统的目的就是克服干扰影响,控制设备、过程回复到设定状态。

然而,生产中也会出现难以克服的干扰因素,或系统中某些环节出现的故障造成被控制设备、过程的状态达到警戒状态,为及时地发现异常,及时进行干预,需要自动进行声、光报警;如果状态达到事故临界值,为了防止事故的发生或事故的扩大,相关设备、过程自动进入紧急处理程序,按规定的条件或程序联锁动作,如停车、制动、关闭、排空、熄火等操作。大型完善的联锁保护系统也叫紧急停车系统(ESD 控制系统)。

报警与联锁保护系统主体结构包含三个环节:发信环节——生产运行状态检测与指令

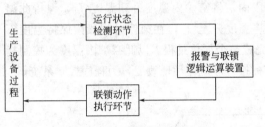

图 3-19 保护与联锁系统结构

发送,作为系统的输入环节;执行环节——实现联锁保护的动作环节,包括报警显示与联锁动作装置,它是系统的输出环节;逻辑处理环节——根据系统输入信号进行逻辑判断与运算,并向执行环节发出联锁动作信号。系统结构如图 3-19 所示。

报警与联锁保护系统中也是两类信息:一类是从现场采集的反映运行状态的数据类信息,送逻辑控制装置或控制室,另一类是逻辑控制装置或控制室发出送达现场动作装置的控制指令类信息。

报警与联锁保护系统是位于自动控制系统之上的更高层次的系统。在设备、过程处于正常运行状态时,自动控制系统实施以质量、数量、效益为目标的生产控制;当生产过程达到危险状态时,联锁系统将按设计要求接管控制权,实施以安全为基本要务的紧急操作。

图 3-20 所示为以燃料气为燃料的加热炉生产设备。通过分析可知,以燃料气为燃料的加热炉中主要危险有以下几点:

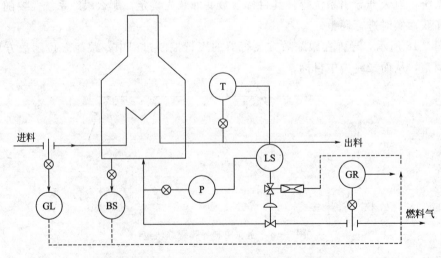

图 3-20 加热炉的安全联锁保护系统

T—出料温度调节器;P—燃料压力调节器;GL—进料流量调节器;
GR—燃料流量调节器;BS—火焰温度监测器开关;LS—低值选择器

① 被加热工艺介质流量过低或中断，此时必须采取切断燃料气进气调节阀，停止供给燃料，停止燃烧，防止加热炉炉管烧坏、破裂而引起重大火灾事故；

② 当火焰熄灭时，会在燃烧室内形成能量积累效应，产生具有爆炸性的燃料与空气的混合物，若不注意用蒸汽吹扫，会引发炉膛爆炸；

③ 当燃料气压过低、流量过小时，会出现火焰回流到燃气管内的现象，必须保证最小燃料气供应流量或压力；

④ 当燃料气压力过高、燃烧速度小于流体速度时，会造成喷嘴脱火、灭火现象，导致燃烧室形成爆炸的条件。

为保证大型加热炉的安全生产，防止发生事故而造成极为严重的损失，应有必要的安全联锁保护系统，见图 3-20 中所加联锁保护系统。

正常生产时，用炉出口温度来调节燃料气量的大小。当调节阀后的燃料气压力过高，达安全极限时，压力调节器 P 通过低值选择器 LS 取代温度调节器工作，关小调节阀以防止脱火。一旦压力恢复正常，仍由温度调节器控制燃气流量。

当燃气流量过低时，GR 联锁报警信号使三通电磁阀线圈失电，调节器输出气压信号放空，切断燃料气供给阀，防止回火事故。联锁动作以后，只有经人工检查确认危险已彻底消除，才可人工复位，继续按程序投入运行，避免误动作造成再次爆炸事故。

当工艺介质流量过低或供应中断时，GL 信号切断燃料气调节阀，停止燃烧。或者因火焰熄灭、火焰监测器开关 BS 动作，同样也停止供燃料气。

第四节　自动化系统总体构建

上述三类自动化系统并非一定各自完全独立，有时可能是相互融入的。

比较三类不同功能任务的自动化系统，可以归纳出一个总体的构建体系——信息输入（传感检测）、信息处理、指令输出（动作执行）三大主体环节，通过信号转换与传输环节实现连接，完成相应的功能，如图 3-21 所示。

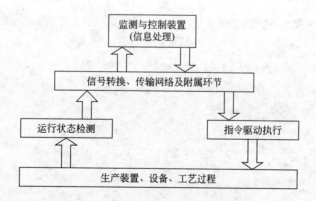

图 3-21　自动化系统主体构建体系

系统涉及两类主体信息：由传感检测获取并传送到监测与控制装置的反映运行状态的

数据类信息，由监测与控制装置产生送达现场执行环节实施动作的操作指令类信息。

系统功能任务的差异主要体现在监测与控制装置环节：若软硬件功能配置为显示与报警能力，那么构建为自动检测系统；若软硬件功能配置为操作指定不受运行状态信号的校正，那么构建为自动操作系统。若软硬件功能配置为具有比较、判断、运算、决策能力，那么按照系统设计的目的及相应运算关系，可构建为自动控制系统，或者是联锁保护系统。

随着信息技术的深入应用，网络化正在拓展监测与控制装置的形式。传统形式可能是由一个或几个显示及控制仪表或电气装置及控制线路构成，后来可能是使用计算机及其软件程序代替多个单体显示与控制装置、逻辑线路，现阶段广泛采用通过网络连接多台计算机或集中控制装置，构成不同功能任务的分层次管理模式的网络化装置，实现"管理-监视-控制"一体化。

作为信息处理环节的监测与控制装置，不仅向网络化方向发展，同时也向智能化方向发展。控制理论与人工智能的研究发展，探索出了许多智能化的控制策略，借助于计算技术，能完成复杂的智能化运算关系。

第四单元　自动化设备及控制装置

自动化设备及控制装置的基本作用是取代人工控制中人的相应功能器官。一方面，它具有相当于人类特定功能器官的功用；另一方面，它应遵守各设备环节间信息传递、协调动作的信号规则。

传统的自动化设备及控制装置是指具有实现自动化特定功能任务的机械电子装置，包括各种指令电器（开关、按钮等）、各种有触点电磁装置（继电器、接触器等）、无触点开关、各种传感器（接近开关、敏感元件、变送器等）、各种自动化仪表、各种动作执行与驱动装置、各种控制装置与装备。

随着科学技术的发展，计算机成为控制装置的主体之一。随着信息技术的发展与渗透，自动化设备与装置正向集成化、智能化、网络化方向发展。

第一节　电气装置

一、基本电器

① 主令电器　用于发出操作指令的电器。常见的有命令开关、按钮、行程开关等，如图 4-1 所示。这些电器基本上属于人工操作或机械动作，以"通—断"形式接通或断开电路，达到控制过程动作状态的目的。在"通—断"过程中，实现操作指令、操作信息的发送。

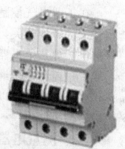

图 4-1　按钮、开关——主令类电器

② 电磁触点装置　用于实现逻辑关系、输出逻辑结果、产生动作与执行命令的电器。常见的有各种继电器、接触器、电磁继动装置。

传统的电磁触点装置主要是通过线圈"得电-失电"状态下电磁力的变化，"吸合—释放"相应电触点，通过电路的转换实现特定的工作状态转换与逻辑关系，如图 4-2 所示。

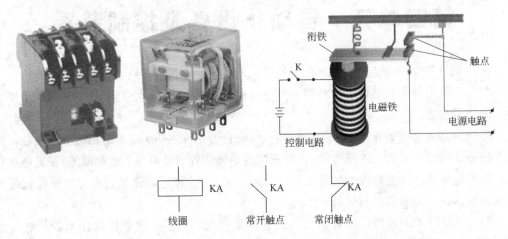

图 4-2 电磁式触点装置结构、原理、图形与文字符号

目前一种固态继电器（SSR）采用光电传递、电子可控触发器件，实现电气隔离式的"以小控大，以弱控强"，如图 4-3 所示。结构中无线圈、无机械触点，是一种传统继电触点装置的良好代换品。

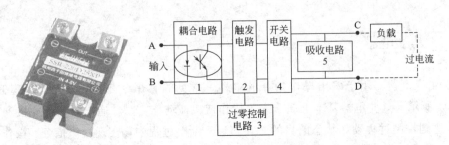

图 4-3 固态继电器结构和原理

在工业电气控制系统中，主要应用的基本电器包括指令按钮、自动（空气）开关、行程开关、转换开关，电磁继电类如接触器、中间继电器、时间继电器、速度继电器，以及保护电器如热继电器、过流继电器、过压继电器、熔断器等。其中，时间继电器具有定时功能，过流与过压继电器能分别在电流与电压超过某设定值后产生触点的分断与闭合动作，触点的分合可以被用来实施状态控制与信号输出（触点信号）。

二、测量电器

在一般电气线路中，通常需要获取电流、电压、电功率及功率因数等相关参数并进行显示，这些任务就由电流表、电压表、功率表、功率因数表等电气测量仪表来完成，如图4-4 所示。

图 4-4　电量（电流、电压、功率与功率因数）测量仪表

除此以外，在电气测量与控制方面，还存在一种利用互感原理工作的电气测量装置，如电流互感器、电压互感器等。电流与电压互感器能将大电流与高电压按折算比例产生对应的小电流与低电压信号输出，或者配合电流表、电压表实现对大电流与高电压的测量，如图 4-5 和图 4-6 所示。

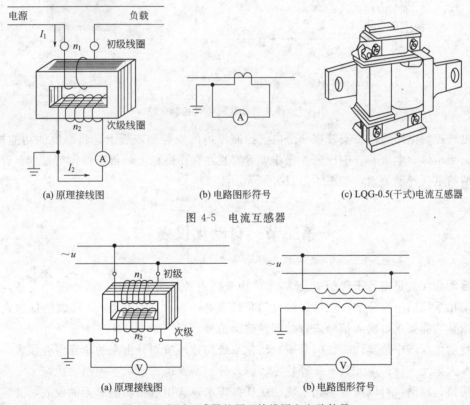

(a) 原理接线图　　　　(b) 电路图形符号　　　　(c) LQG-0.5(干式)电流互感器

图 4-5　电流互感器

(a) 原理接线图　　　　　　　(b) 电路图形符号

图 4-6　电压互感器的原理接线图和电路符号

三、电气控制电路（装置）

在传统电气设备的运行控制中，主要是应用适当的功能电器，通过电气线路的连接，实现要求的控制任务，主要实现启—停、正-反转动、时间动作与顺序动作等控制要求。由这些功能电器及相应的电气连接，构成了电气控制线路。

如在实际生产中，常常要求生产机械的运动部件能实现自动往返。因为有行程限制，所以常用行程开关作控制元件来控制电动机的正反转。图 4-7（a）为小车往返运行的电动可逆旋转控制电路。图中 KM_1、KM_2 分别为电动机正、反转接触器，SQ_1 为反向转正向行程开关，SQ_2 为正向转反向行程开关，SQ_3、SQ_4 分别为正向、反向极限保护用限位开关，SB_1、SB_2、SB_3 分别为手动正-反转与停止按钮，FR 为热继电器，FU 为熔断器。

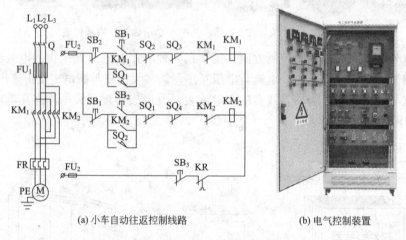

(a) 小车自动往返控制线路　　　　　　　(b) 电气控制装置

图 4-7　小车自动往返电气控制线路

电气控制电路通常被安装在一个电气控制柜内的安装架或板上，将必要的功能按钮、开关、指示灯、电流表、电压表、操作屏等安装在操作面板上，便于操作与显示，就构成了所谓的电气控制装置，如图 4-7（b）所示。

第二节　自动化仪表

自动化仪表是由若干机械-电子类元件构成的一种结构完善的自动化硬件设备，是构建自动化系统的一个环节，也可以说自动化仪表是一种"信息机器"，完成信息形式的转换，按其功能要求对输入信号进行处理并输出信号。

自动化仪表中最具代表性的是按自动化系统构建环节划分出来的单元组合仪表，共划分为 8 大单元，每一单元具有一种特定功能，分别是变送、显示、控制、执行、安全、计算、转换、辅助，可以按自动化系统功能任务需求，选用适当功能单元的仪表，灵活地组建自动化系统，使工业自动化系统的构建变得更简便、更灵活。

单元组合仪表采用统一的信号标准 4～20mA DC 电流或 1～5V DC 电压，供电采用 24V DC 电源标准，这种信号制式与当今大部分自动化设备兼容。

一、现场设备

（1）传感-变送器

基本任务是实现对信息检测并将其转化为另一物理信号，以便传输、处理与应用。

在传感-变送装置中，通常存在两类称呼：自动化仪表方面，常被称为变送器；在一般电气方面，习惯称为传感器。

如图 4-8（a）的温度传感器，检测温度并转换为与温度大小相对应的电阻值（热电阻）或热电势（热电偶）输出。（b）图为压力传感器，能感受压力大小并转换输出与压力大小对应的电压或电流信号。（c）图为流量传感器，能检测流量大小并转换输出与流量大小相对应的电流或电压或电脉冲信号输出。

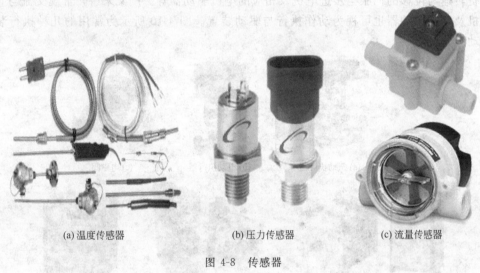

(a)温度传感器 (b)压力传感器 (c)流量传感器

图 4-8　传感器

变送器是一种结构复杂、功能完善、信号标准与对应关系严格（一般按国际统一信号标准）的自动化仪表。可以灵活地调整零位、量程以适应不同的参数测量范围。

变送器与传感环节配合，检测物理参数，并转换输出与被测参数大小相对应的标准统一信号（1～5V DC，4～20mA DC）。图 4-9 所示为工业测量中应用最为广泛的压力、压差变送器，它能检测压力、压差参数（也许由流量、液位、压力产生）并转换输出（1～5V DC、4～20mA DC）标准统一信号。

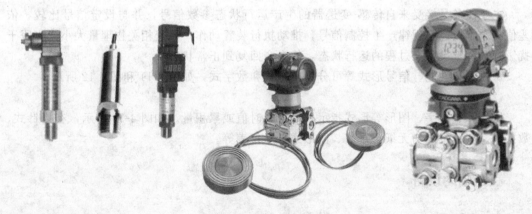

图 4-9　压力、压差变送器

　　传统认为，变送器具有完善的结构，不依赖其他环节而能独立工作，其功能强大；传感器也许还需独立电源、信号转换、信号处理等模块的配合才能工作。一般而言，传感器是广义的，变送器是特指的，两者之间没有本质上的区别，均是实现对信息的实时检测、处理与信号形式的转化。

　　（2）执行机构

　　接受控制器、操作器送来的信号，在信号的驱动下产生相应的动作，改变或调整相关参数或运行状态，对设备、过程施加控制作用。如能改变管道流量的调节阀、电磁阀，控制设备转速与位移的伺服与步进电机及相应的电机驱动器等。广义来讲，常规交流与直流电动机及变频驱动器也可视为动作执行与驱动装置。图4-10所示为常用的几种执行装置及驱动装置。

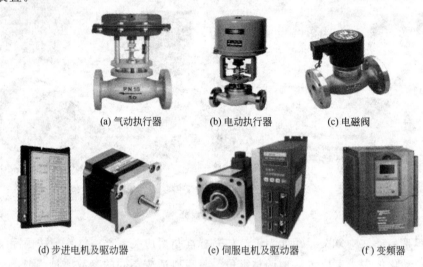

(a) 气动执行器　　　　(b) 电动执行器　　　　(c) 电磁阀

(d) 步进电机及驱动器　　　(e) 伺服电机及驱动器　　　(f) 变频器

图 4-10　执行装置及驱动装置

二、控制室设备

　　（1）控制器（也被称为调节器）

　　主要任务是接受来自传感-变送器的生产运行状态参数信号，并与设定信号比较，依差值的大小按控制规律产生控制信号，推动执行装置动作，改变相关物理量大小，克服干扰影响，调整设备、过程的运行状态，使生产回复到正常状态。

　　从原理、性能、信号形式等可分为模拟式和数字式，如图4-11和图4-12所示。

　　（2）显示仪表

　　以指针、数字、图形等形式指示、记录瞬时值或累积量。如图4-13所示，有指针式、数字式、有纸记录与无纸记录仪、图形式显示仪表等。

三、辅助设备

　　（1）信号转换器

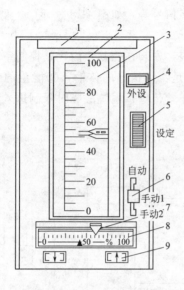

图 4-11 模拟调节器正面板图

图 4-12 数字智能式调节器

1—标牌；2—仪表前面弧；3—全刻度指示仪表；

4—外给定指示灯；5—内给定拨盘；6—切换开关；

7—硬手动操作杆；8—输出指示表；9—软手动按键

(a) 指针式

(b) 数字式

(c) 图形式

图 4-13 显示仪表

用以增加信号幅度或功率，或者能实现信号种类的转换，如电信号转换为气信号、电

(a) 电流、电压转换

(b) 模拟量与串口转换

(c) 电阻转换为电压

(d) 电流转换为气压

图 4-14 信号转换器

阻值转换为电流或电压值、模拟信号转换为数字信号等，如图 4-14 所示。

（2）安全栅

安全栅是构成安全火花防爆系统的关键仪表，安装在控制室内，是控制室仪表和现场仪表之间的关联设备，如图 4-15 所示。其作用是：①信号的传输；②能量的传输；③限流、限压。也就是说，系统正常时保证信号的正常传输；系统故障时限制进入危险场所的能量，确保系统的安全火花性能。

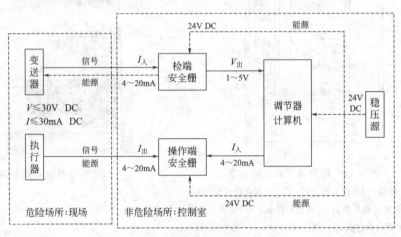

图 4-15　安全火花防爆系统

目前常用的安全栅有齐纳式安全栅和变压器隔离式安全栅。图 4-16 所示为隔离式安全栅。

图 4-16　隔离式安全栅

第三节　控制装置与网络

一、控制装置

这里所称控制装置有别于单元组合仪表及常规控制器，控制装置具有更强的控制功能、数据处理功能、更大的数据处理容量、更完善的系统结构及综合能力、扩展能力。典型的控制装置如下。

（1）可编程智能调节器

具有常规调节器的所有控制功能，因内置微处理器、存储器、数-模转换接口、通讯接口等，具有存储、编程与通讯功能，同时厂家在系统程序中内建有多种功能模块（功能程序段）并支持简便易学的编程语言。因此，用户可以通过简单的编程语言，直接调用（连接）相关功能模块，组建工程控制所需的常规与复杂的系统结构及控制策略（称为"组态"），实现常规的、复杂的控制功能；同时在系统程序的支持下，完成自诊断、通信等。

图 4-17 所示为 KMM 可编程调节器。

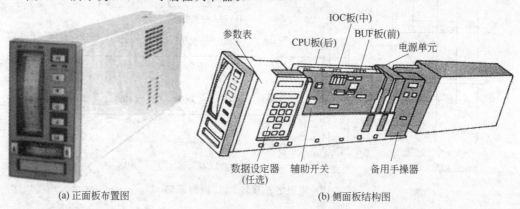

(a) 正面板布置图　　　　(b) 侧面板结构图

图 4-17　KMM 可编程调节器（动圈指示型）

（2）PLC（可编程逻辑控制器）

PLC 是目前广泛应用于多种工业现场环境的一种专用计算机控制装置。图 4-18 所示分别为三菱的 FXPLC、西门子的 S7-300PLC 控制器。

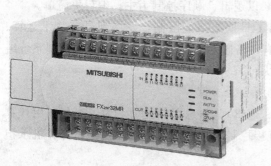 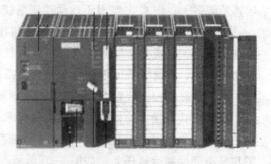

(a) FX 小型箱式 PLC　　　　　　　　　(b) S7-300 中型模块式 PLC

图 4-18　PLC 控制器

早在 20 世纪 70 年代初，美国设想并研制出了以微处理器为核心器件，实现逻辑、顺序、计时、计数运算，利用存储器存储系统程序、控制指令程序，并在存储器中开辟专用空间，将各位的状态关系视为"软继电器"，来代替继电-接触器类等实物控制装置，并开发功能程序段实现计时器、计数器等功能。用户通过"软连接"（编程、组态）相应的内建"软器件"，实现多种关系运算及控制功能。

　　PLC 只需进行简单编程，接上相应的输入、输出信号及外围设备，即可构成完善的控制系统。图 4-19 所示为 PLC 实现电机的正-反转控制的电气连接与相应的用户程序。

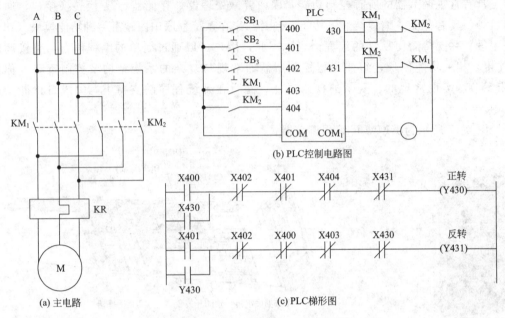

图 4-19　电机的正反转 PLC 控制原图

　　PLC 编程方法简单，无需计算机知识，借用继电逻辑控制中接点梯形图，或逻辑功能图，或简单的语句表，即可实现控制功能，一般电气人员几小时即可学会；通过修改程序即可改变控制功能；可靠性高，自诊断功能完善，在工业控制中得到广泛应用。

　　可编程智能调节器与 PLC 相比，前者主要用于过程控制系统中处理模拟信号，数学运算功能强大；PLC 主要用于运动控制系统，以逻辑、顺序控制为主，编程更简单。

　　随着技术的发展，PLC 的功能远远超出了早期的功能限制，发展到具有算术运算、处理模拟量、实现复杂运算的功能，同时具有网络通讯功能，通过网络与其他控制系统组成功能强大、系统完善的网络化综合控制系统。

　　(3) 计算机控制装置（DDC）

　　计算机具有强大的数据处理能力（算术、逻辑）、信息存储能力，为了充分利用计算机的强大功能，以 DDC 控制（数字计算机直接控制）整体取代传统控制器，计算机承担了几乎全部控制运算任务，如图 4-20 所示。

　　在这样的控制系统中，工业过程参数经采样、A/D 转换送计算机，处理后再经 A/D 变换、功率驱动送现场执行机构，对生产过程实施控制。同时相关参数由计算机处理后进行显示、打印、越限报警。

　　然而，在实际应用中发现这样的控制系统存在着巨大的危险。监测与控制的集中，便于管理，但控制的集中也带来了危险的集中，当担当控制任务的计算机出故障，那么由它所控制的系统将为相应的生产过程带来灾难性的后果，因此，DDC 控制模式并没有被广泛地应用。

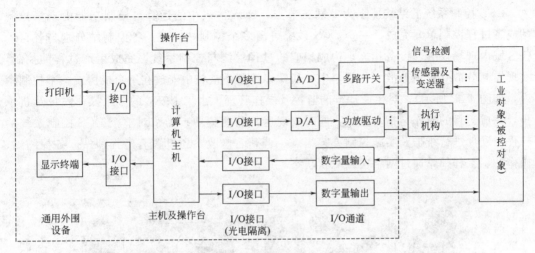

图 4-20 典型计算机 DDC 控制系统

二、网络化控制装置

1. DCS 控制系统

在工程实践中逐步认识到"集中控制"带来"危险集中"的严重问题,对 DDC 控制装置的全部功能与任务实施分拆后,由多个不同的实体设备通过网络交互连接,共同承担,自动化系统中的核心环节——控制装置不再是一个单体设备,构建规模、结构层次发展到系统级。图 4-21 所示的结构体系为"分散控制、集中监管"的系统结构体系,这就是当今广泛应用的 DCS 控制系统。

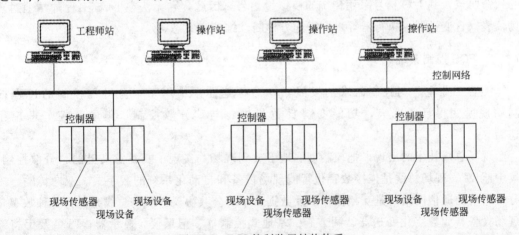

图 4-21 DCS 控制装置结构体系

需要说明的是,此处所说的 DCS 控制系统(包括 FCS 控制系统)中的"系统"不同于自动化系统所称的"系统",它只是自动化系统构建中的控制装置环节——网络化控制装置。

DCS 控制系统的结构体系为一网三节点，DCS 体系中的运算与控制功能由现场控制站或者过程控制单元完成。一个 DCS 系统可由多个控制站构成，各控制站分别与各自责任区域内现场仪表、设备相连，构成相应的过程检测与控制系统，完成生产过程的控制，实现控制分散（逻辑分散、物理集中，通常多控制站被集中安放在一个机房或一个控制柜内，如图 4-22 所示）；对生产运行的监控及操作管理，由集中安放的多个操作站计算机承担，完成运行的操作与指令发布，同时实现运行监测集中；为了对整个 DCS 控制系统的软件与硬件进行维护及实施控制方案组态、调整、修改，还设置有工程师站。各控制站、操作站、工程师站通过网络实现交互联络。

图 4-22   DCS 控制室——控制站、操作站、工程师站

DCS 可以控制和监视工艺全过程，对自身进行诊断、维护和组态。但是，由于自身的致命弱点，其 I/O 信号采用传统的模拟量信号，因此，它无法在 DCS 工程师站上对现场仪表（含变送器、执行器等）进行远方诊断、维护和组态。

2. FCS 控制系统

随着工业生产与控制需求的发展，DCS 构建体系中用于工业过程控制的过程控制站规模变得日益庞大，功能变得日益集中，与"分散控制，集中监控"思想相违背。

现场总线技术的出现，把控制彻底地下放到现场，实现了真正意义上的"分散控制、集中监控"。现场总线是连接数字化智能现场设备和自动化系统的数字式、双向传输、多分支结构的通信网络，是互相操作以及数据共享的公共协议。现场总线允许将各种数字化现场设备，如数字化变送器、调节阀、基地式控制器、记录仪、显示器、PLC 及手持终端和控制系统之间，通过同一总线进行双向、多变量数字通信。分散在各个工业现场的数字化智能仪表通过现场总线连为一体，并与控制室的监控装置一起，共同构成现场总线控制系统（Fieldbus Control System，FCS），如图 4-23 所示。

FCS 的关键要点有三个。

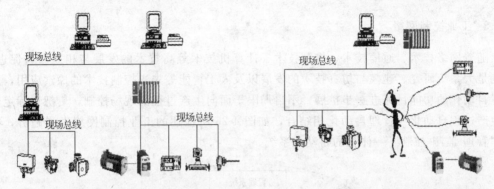

图 4-23　现场总线控制系统（FCS）　　　图 4-24　传统现场仪表如何接 FCS 系统

① FCS 系统的核心是现场总线，具有开放性、互操作性、系统结构的高度分散性、灵活的网络拓扑结构、现场设备的高度智能化、对环境的高度适应性等诸多突出特点。

② FCS 系统的基础是数字智能现场装置，控制功能下放到现场仪表中，控制室内仪表装置主要完成数据处理、监督控制、优化控制、协调控制和管理自动化等功能。数字智能现场装置是 FCS 系统的硬件支撑，是基础。图 4-24 形象地描述了现场总线系统与传统现场设备、仪表连接的难度。

③ FCS 系统的本质是信息处理现场化，由现场智能仪表完成数据采集、数据处理、控制运算和数据输出等功能。现场仪表的数据（包括采集的数据和诊断数据）通过现场总线传送到控制室的控制设备上，控制室的控制设备用来监视各个现场仪表的运行状态，保存智能仪表上传的数据，同时完成少量现场仪表无法完成的高级控制功能。更简单地说，信息处理的现场化才是智能化现场设备和现场总线所追求的目标。

可以认为现场总线是通信总线在现场设备中的延伸。它不仅是一种通信技术，实际上融入了数字化智能现场设备、计算机网络和开放系统互连等技术的精粹。比较图 4-25 中 DCS 系统与 FCS 系统可以发现，原来 DCS 系统中控制站的相应功能任务被彻底分散到了现场各智能化仪表与设备之中。因此，FCS 控制系统的构建基础是数字化智能现场设备、仪表，这是现场总线不同于其他计算机通信技术的标志。

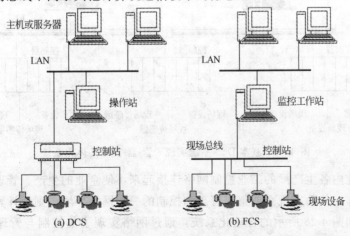

图 4-25　DCS 控制系统与 FCS 控制系统比较

3. 工业控制网络

随着网络技术、通信技术、控制技术、计算机技术等高技术的发展与相互渗透促进，特别是大系统研究、建模与仿真技术的发展以及人工智能等先进控制技术的探索应用，人类对自动化的功能目标进一步扩展，不再局限于面向生产过程的现场控制，更把目标定位于生产过程自动化与管理自动化相结合，如图 4-26 所描述的工业控制网络发展趋势，构建"管理-监测-控制"一体化的自动化系统。

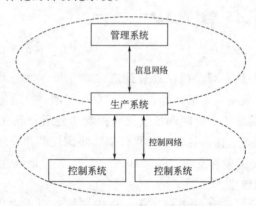

图 4-26 自动化网络控制体系的发展趋势

工业控制网络在一个生产厂（线）范围内将信号检测、数据传输、处理、存储、计算、控制等连接在一起，以实现厂内的资源共享、信息管理、过程控制。如图 4-27 所示，通过基本 DCS 体系与管理网络相连，构建"管-监-控"一体化控制网络。

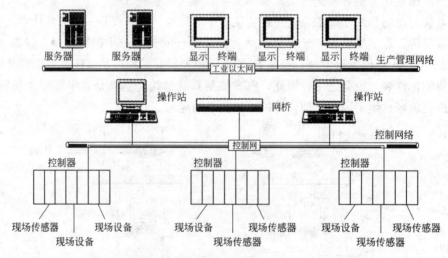

图 4-27 基本 DCS 系统实现"管-监-控"一体化系统

如果将企业内各生产厂的工业控制网络连接起来，使企业的生产、管理和经营能够高效率地协调运作，从而实现企业集成管理和控制的一种网络环境，则为计算机集成制造系统（CIMS）。如图 4-28 所示的自动化系统，通过网络实现了集控制与管理、决策于一体的集成自动化制造系统。

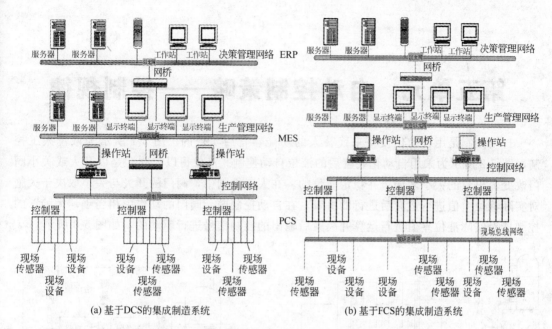

(a) 基于DCS的集成制造系统　　　　　(b) 基于FCS的集成制造系统

图 4-28　计算机集成自动化制造系统（网络控制体系）

综上 PLC、DCS、FCS 以及网络化控制装置可以看到，工业控制方式由单机控制转为网络集中控制，进而发展为网络分散控制。通过网络将各类控制器和生产设备有效地联系起来，形成了控制和生产管理的系统集成。这样在提高生产能力和产品质量的同时，可大大减少劳动力，降低生产过程中的风险。

第五单元　自动控制策略——控制规律

　　自动控制是用自动化设备来代替人的功能器官后实现的。图 5-1 所示为液位人工控制，图 5-2 所示为采用自动化装置后的液位自动控制。液位得以控制，是以开大或关小阀门改变流出量的大小来调节并稳定液位的。在人工控制中，阀门的开大与关小取决于大脑对实际液位差值进行运算后进行的决策。在自动控制中，阀门的动作由相当于"大脑"的控制器对实际液位差值进行运算并决策后输出的控制信号进行驱动的，如图 5-3 所示。

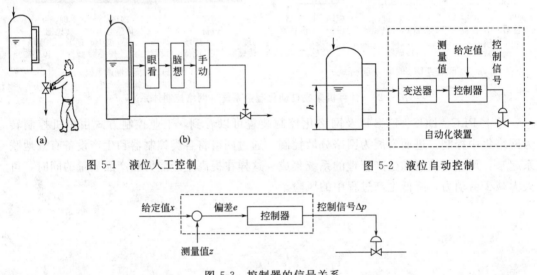

图 5-1　液位人工控制　　　　　　　　　　图 5-2　液位自动控制

图 5-3　控制器的信号关系

　　需要指出，在正常生产过程中，控制阀是具有一定开度的。对生产过程所施加的控制作用是通过阀门开度的变化产生的，也就是说，正常情况下，控制器也是有一定信号输出的，阀门的开大与关小动作是控制器输出信号变化驱动的，即控制信号 Δp 是指控制器的输出变化量。

　　在图 5-3 的控制器信号关系中，控制器的输入信号就是设定值与测量值之差 $e = x - z$，控制器的输出信号变化量即控制信号 Δp。

　　控制信号 Δp 与偏差 e 之间可表示为：

$$\Delta p = f(e)$$

　　即控制器接受输入偏差信号后，输出信号变化量（控制信号）随输入信号（偏差）变化的规律，就是控制规律（或称为控制策略）。

　　对于自动控制系统来讲，决定系统运行性能最关键的部分就是控制器。控制器具有某种控制规律，总是按照事先规定好的规律来动作。事实上，作为代替人工控制的自动控制，其控制器是模仿人工控制关系产生控制信号的。

第一节 PID 控制规律

在 20 世纪 20 年代，就找到了一种基于模拟量连续变化状态的控制规律（控制策略）。在工业自动化系统中最基本的控制规律有比例控制（P）、积分控制（I）和微分控制（D）三种，并可组合成 PI、PD、PID 等控制规律。

1. 比例控制规律（P）

（1）比例控制规律

在图 5-2 贮槽液位控制过程中，要使液位稳定的操作为：如液位偏高，意味着进水量超过出水量，应开大出水阀，液位越高，开得越大；如液位偏低，意味着进水量小于出水量，应关小出水阀，液位越低，关得越小。显然，这种情况下，阀的开度变化量与偏差的大小成正比。

比例控制规律是指控制器的输出变化量——即控制信号 Δp（也即阀门的开度改变量）与控制器的输入（偏差）成正比。习惯上比例控制规律用符号"P"表示。

比例规律用数学式来表示为：

$$\Delta p = k_{\mathrm{p}} e$$

式中　Δp——控制器的输出变化量（控制信号）；

e——控制器的输入（偏差）；

k_{p}——比例控制的放大倍数（比例放大倍数）。

图 5-4（a）是一个简单的比例调节系统，被控变量是水槽的液位，操作变量是进水量。o 为杠杆的支点，杠杆的一端固定着浮球，另一端和控制阀阀杆相连。浮球能随着液位的波动而升降，并通过杠杆带动阀芯位移，改变进水量而产生相应的控制作用。所以，图中的浮球是测量元件，而杠杆就是一个最简单的比例调节器。当液位偏高时，通过浮球和杠杆的作用，使阀杆下移，阀门关小，减少进水量，液位越高，阀杆下移越多，阀关得越小，进水量越小。当液位偏低时，通过浮球和杠杆的作用，使阀杆上移，阀门开大，增加进水量，液位越低，阀杆上移越多，阀开得越大，进水量越大。

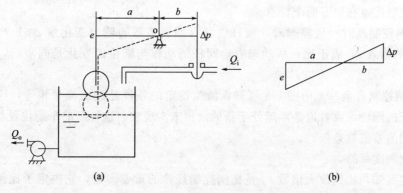

(a)　　　　　　　　　　　(b)

图 5-4　简单比例控制系统示意图

在图 5-4 (a) 中，如果原来液位稳定在实线位置上，进入贮槽的流量与排出贮槽的流量相等。当某一时刻排出量突然增加一个数值后，液位就会下降，浮球也随之下降，并通过杠杆把阀门开大，使进水量增加。当进水量增加到新的排出量时，液位也就不再变化而重新稳定下来，达到新的平衡（如图中的虚线位置）。

图 5-4 (b) 表示了液位变化量（偏差 e，控制器的输入）与阀位的变化量（控制器的输出变化量 Δp）之间的关系：

$$\frac{a}{e} = \frac{b}{\Delta p}$$

所以

$$\Delta p = \frac{b}{a} e = k_p e$$

式中

$$k_p = \frac{b}{a}$$

调整支点 o 的位置，可改变 a、b 大小，即可改变 k_p 的大小。

比例放大倍数 k_p 表示比例控制作用的强弱。k_p 越大，比例作用越强。从图 5-5 (b) 可见，k_p 越大，同样偏差下，控制信号越大，相应的执行机构动作量增加——Δp 增加，即控制作用加大。

比例控制规律的特征参数为 k_p

具有比例控制作用的控制器可用图 5-5 (a) 描述，相当于一个具有放大倍数 k_p 可调的放大器，图 5-5 (b) 表示了控制器输出与输入之间的阶跃响应关系。

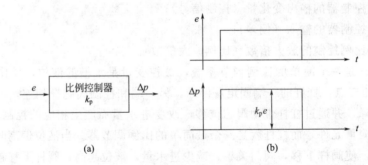

(a) (b)

图 5-5 比例控制器的阶跃响应特性

(2) 比例控制特点

比例控制规律有如下两个特点。

① 比例控制及时 从静态看，阀杆位移（即调节器的输出变化量 Δp）与液位偏差（即调节器的输入 e）成正比；从动态看，阀杆的动作与液位的变化是同步的，没有时间上的迟延。

② 比例控制有余差 由图 5-5 可知，液位稳定的条件是进出流量相等，这种条件的成立是在新的阀位，或者说是浮球处于新的液位来实现的。这种新的平衡位置与原来的平衡位置之间的差值就是余差。

(3) 比例度 (δ)

从前述可知，比例放大倍数 k_p 是比例控制规律的重要参数，它决定了比例控制作用的强弱。在工业中应用的控制器，习惯上采用比例度 δ（也称比例带），而不用放大倍数

k_p 来反映比例控制作用的强弱。

所谓比例度就是指控制器输入的相对变化量与对应输出的相对变化量之比的百分数。用式子可表示为：

$$\delta=\frac{e/(x_{\max}-x_{\min})}{\Delta p/(p_{\max}-p_{\min})}\times100\%$$

式中 $x_{\max}-x_{\min}$ ——被控变量的最大变化范围（仪表的量程）；

   $p_{\max}-p_{\min}$ ——控制器输出的最大变化范围。

例如，一台温度控制器，它的量程（温度范围）是 $400\sim800℃$，电动温度控制器的输出是 $4\sim20\text{mA}$，当测量指针由 $600℃$ 变到 $700℃$ 时，控制器的输出由 8mA 变到了 16mA，其比例度为：

$$\delta=\frac{e/(x_{\max}-x_{\min})}{\Delta p/(p_{\max}-p_{\min})}\times100\%=\frac{(700-600)/(800-400)}{(16-8)/(20-4)}\times100\%=50\%$$

即此控制器所设置的比例度为 50%。

在单元组合仪表中，控制器的输入信号来自于变送器的输出，而变送器与控制器的输出信号都是统一标准信号，所以在单元组合仪表中，比例度 δ 与比例放大倍数 k_p 互为倒数，即：

$$\delta=\frac{1}{k_p}\times100\%$$

上式说明，控制器的比例度与比例放大倍数成反比。比例度 δ 越小，比例放大倍数 k_p 越大，比例控制作用越强。反之亦然。

2. 积分控制规律（I）

（1）积分控制规律

比例控制的最大缺点是有余差，控制精度不高，所以，有时把比例控制比作"粗调"。为了消除余差，在模仿人工消除余差的方法中，产生了积分控制规律。相对于比例控制，积分控制也被称为"细调"。

仍以图 5-4 为例。当进水量突然增加，排出量小于进水量，结果会使液位高于给定值。怎样才能使液位返回到给定值并保持稳定呢？

人工操作如图 5-6 所示。因为液位偏高，偏差大于零，在操作中逐步开大出水阀门，以使出水量大于进水量，液位逐步下降到给定值；但此时因进水小于排出量，液位还会继续下降，造成液位偏低，偏差小于零；在操作中又逐步关小出水阀，以使出水量小于进水量，让液位上升；当液位上升到给定值时，由于出水量小于进水量，液位还会继续上升，偏差又大于零。如此反复地操作，直到液位等于给定的同时，出水量也刚好与进水量平衡，液位就保持在给定值上。

分析上述过程，只要偏差存在，操作就不会停止；单向偏差作用下，操作方向不变，偏差反向，操作方向才改变。实际就是偏差的累积量决定控制作用的大小和变化方向。模仿这种控制过程就产生了积分控制规律。

所谓积分控制规律就是控制器的输出变化量 Δp 与偏差 e 在时间上的积分成正比。习惯上积分控制规律用符号"I"表示。

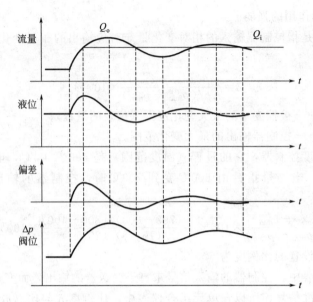

图 5-6　人工操作中的积分控制过程

用数学式可表示为：

$$\Delta p = k_I \int e dt = \frac{\int e dt}{T_I}$$

式中，k_I 为积分放大倍数，也称为积分速度；T_I 为积分时间。

图 5-7 表示了积分控制规律下，控制器在阶跃输入下的输出变化曲线。

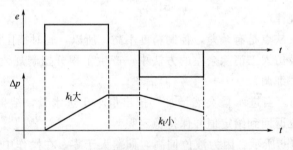

图 5-7　积分控制的阶跃响应曲线

从积分规律表达式可以看出，在同样的偏差与存在时间下，积分放大倍数 k_I 越大，控制器的输出变化量越大，显示控制作用越强，也就是说 k_I 表示了积分作用的强弱。

实际应用中，积分控制规律的特征参数通常采用积分放大倍数的倒数——积分时间 T_I 来表示（时间单位）。

积分时间 T_I 与积分速度 k_I 成反比。积分时间 T_I 越小，积分速度 k_I 越大，积分作用变化越快，积分作用越强；反之，积分时间 T_I 越大，表示积分作用越弱；积分时间为无穷大，则表示没有积分作用，控制规律就成为纯比例了。

（2）积分控制规律的特点

通过上述分析可知，积分控制规律具有如下特点。

① 积分控制无余差　只要偏差不为零，积分作用就不会消失。偏差存在的时间越长，积分作用就越强。

② 积分控制过程比较缓慢　积分控制过程总是在反复调整控制作用的过程中寻找平衡点。

（3）比例积分控制规律（PI）

由于积分作用与偏差存在的时间成正比，在偏差开始阶段，积分控制作用会很小，这对快速克服偏差不利，因此，积分控制规律不单独使用。考虑到比例控制作用及时、作用快，虽然有余差，但刚好与积分控制规律互补。在实际应用中，将比例控制规律与积分控制规律结合起来，构成比例积分控制规律，习惯上用符号"PI"表示。

比例积分控制规律用数学式表示为：

$$\Delta p = k_p \left(e + k_I \int e dt \right) \quad \text{或} \quad \Delta p = k_p e + \frac{k_p}{T_I} \int e dt = \Delta p_p + \Delta p_I$$

显然，比例积分控制规律由比例控制部分 $\Delta p_p = k_p e$ 和积分控制部分 $\Delta p_I = \frac{k_p}{T_I} \int e dt$ 构成。

当输入偏差为一幅度为 A 的阶跃变化时，比例积分控制器输出可表示为：

$$\Delta p = \Delta p_p + \Delta p_I = k_p A + \frac{k_p}{T_I} A t$$

对应的阶跃响应输出曲线如图 5-8 所示。

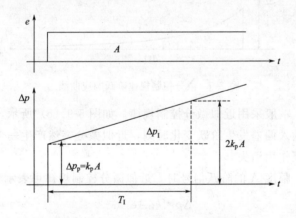

图 5-8　比例积分控制规律阶跃响应曲线

从图中可看出，比例积分控制器的输出变化一开始时是一阶跃，其值为 $k_p A$，这是比例作用的结果；然后随时间逐渐上升，这是积分作用的结果。从这里可以看出，比例作用及时、快速，而积分作用是缓慢的、渐进的，目的在于消除余差。

3. 微分控制规律（D）

在实际生产过程控制中，有经验的操作工人还依据偏差变化的速度来控制生产过程。当发现偏差变化很快，虽然此时的偏差可能还很小，但估计很快就会出现大的偏差，为了抑制即将出现的大偏差，就预先加大控制作用，提前采取控制措施。这种预估及提前采取的动作，叫做超前作用。模仿这种动作产生了微分控制规律。习惯上用符号"D"表示微分控制规律。

（1）微分控制规律

理想的微分控制规律是指控制器的输出变化量与输入偏差的变化速度成正比。用数学式表示为：

$$\Delta p = T_D \frac{de}{dt}$$

式中，$\frac{de}{dt}$ 为偏差的变化速度；T_D 为微分时间，用时间单位表示。

实际上，理想微分所描述的微分作用关系，对于阶跃偏差是没有实际控制效果的。如图 5-9（b）所示。当有一阶跃偏差输入作用时，控制器马上产生无穷大的输出，在此以后，由于输入不再变化，输出作用立即消失。在实际工作中，要实现图 5-9（b）的控制作用是很难的，也没有实用价值。这种控制作用被称为理想微分。

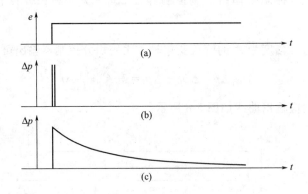

图 5-9　微分控制规律阶跃响应曲线

在实际工作中，一般采用近似微分控制规律。如图 5-9（c）所示，用一阶指数曲线来代替理想微分。在输入偏差发生阶跃变化时刻，近似微分突然产生一个很大的作用，然后呈指数规律衰减直至作用消失。

当输入偏差为一幅度 A 的阶跃信号时，近似微分控制规律可表示为：

$$\Delta p = k_D A e^{-\frac{k_D}{T_D}t}$$

式中，k_D 为微分放大倍数；T_D 为微分时间；$e^{\frac{k_D}{T_D}}$ 为表示指数衰减函数，e 为自然数，e＝2.718。

从曲线中可以看出，T_D 越大，微分项存在时间越长，微分控制作用越强；反之，则越弱。所以微分控制规律的特征参数为微分时间 T_D。

（2）微分控制规律特点

分析关系式与阶跃过程曲线可知，微分控制规律具有如下特点。

① 微分控制规律具有"超前作用"。它按偏差变化速度进行控制，只要偏差变化一出现，就立即动作，阻止或防止大偏差的出现。变化速度越快，作用越强。

② 对于固定不变的偏差，不管有多大，微分控制作用为零。

（3）比例微分控制规律（PD）

不管是理想微分还是近似微分控制规律，都有这样的特点：在偏差存在但不变化时，微分作用都没有输出。因此，微分控制规律不能作为一个单独的控制规律使用。实际上，微分控制作用总是与比例作用或比例积分控制作用配合使用的。

比例微分控制由两部分组成：比例作用与近似微分作用。当输入一幅值为 A 的阶跃偏差时，实际微分控制规律的输出为比例控制作用与近似微分控制作用之和。可用下式表示：

$$\Delta p = \Delta p_\mathrm{p} + \Delta p_\mathrm{D} = k_\mathrm{p} A + A(k_\mathrm{D} - 1)\mathrm{e}^{-\frac{k_\mathrm{D}}{T_\mathrm{D}}t}$$

或者

$$\Delta p = A\left[k_\mathrm{p} + (k_\mathrm{D} - 1)\mathrm{e}^{-\frac{k_\mathrm{D}}{T_\mathrm{D}}t} \right]$$

若比例放大倍数 $k_\mathrm{p} = 1$，可得图 5-10 所示的比例微分阶跃响应曲线。当输入信号 A 后，输出立刻升高到输入幅值 A 的 k_D 倍，然后再按指数规律逐渐下降到 A，微分作用消失，只剩下 $\delta = 100\%$ 的纯比例作用。

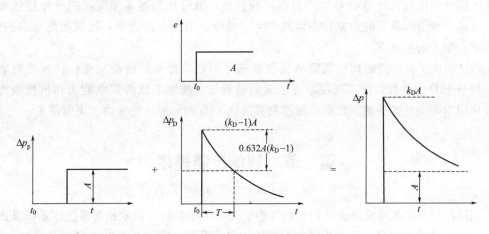

图 5-10　实际微分的阶跃响应曲线

4. 比例积分微分三作用（PID）

通过上述比例、积分、微分三种控制规律组合，就可获得生产控制中所需的比例 P、比例微分 PD、比例积分 PI 及比例积分微分 PID 等多种控制规律。

在工程实际中，应用最为广泛的调节器控制规律为比例积分微分控制，简称 PID 控制，又称 PID 调节。PID 控制器问世至今已有近 70 年历史，其以结构简单、稳定性好、工作可靠、调整方便而成为工业控制的主要技术之一。当被控对象的结构和参数不能完全掌握，或得不到精确的数学模型时，控制理论的其他技术难以采用时，系统控制器的结构和参数必须依靠经验和现场调试来确定，这时应用 PID 控制技术最为方便。即当不完全了解一个系统和被控对象，或不能通过有效的测量手段来获得系统参数时，最适合用 PID 控制技术。实际中也有 PI 和 PD 控制。PID 控制器就是根据系统的误差，利用比例、积分、微分计算出控制量进行控制的。

图 5-11 描述了采用 PID 控制规律对阶跃偏差的控制信号变化情况。

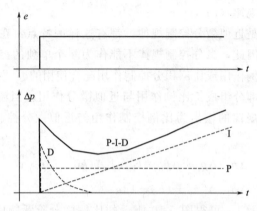

图 5-11　PID 控制规律的阶跃响应曲线

　　PID 控制规律的物理过程：在偏差开始出现的初期，微分作用起主要作用，以阻止或防止大偏差的出现；随着偏差与控制作用的持续，微分作用逐渐消失，积分作用逐渐增强，以减少或消除最后的余差；在偏差产生、持续、消减全过程中，比例始终参与控制，起到减小偏差的主要作用。

　　PID 解决了自动控制理论所要解决的最基本问题，即系统的稳定性、快速性和准确性。调节 PID 的参数，可实现在系统稳定的前提下，兼顾系统的带载能力和抗扰能力及积分作用对零误差的控制。没有一种控制算法比 PID 调节规律更有效、更方便了。

第二节　智能控制规律

　　PID 控制规律虽然简单、通用性强，但它是基于单参数、简单控制系统体系研发出来的，不以最优控制为目标，对于时变系统、大滞后系统、非线性系统、多变量系统，PID 控制规律的作用有限，甚至完全无效。经过控制理论研究人员的努力，探索并实践了许多具有"智能"概念的先进控制策略，比如自适应控制、最优控制、学习控制、预测控制、专家控制、模糊控制、神经网络控制等，其中模糊控制是其中应用最为广泛的智能控制规律。

　　当 20 世纪 80 年代日本将模糊控制成功地应用于洗衣机、空调、吸尘器、电冰箱等家用电器后，世界范围内形成了研究与应用模糊控制潮流，应用范围迅速扩大到工业控制、电梯、轨道交通、汽车、机器人、图像识别、移动通信、空间飞行器等领域，并取得了巨大的成功。

　　模糊控制也称模糊逻辑控制，它是基于模糊数学与模糊逻辑推理建立起来的新型控制理论。

　　模糊数学由美国控制论专家 L. A. 扎德（L. A. Zadeh）教授所创立。他集中思考了计算机为什么不能像人脑那样进行灵活的思维与判断问题。尽管计算机记忆超人，计算神速，然而当其面对外延不分明的模糊状态时，却"一筹莫展"。可是，人脑的思维，在其感知、辨识、推理、决策以及抽象的过程中，对于接受、储存、处理模糊信息却完全可能。计算机为什么不能像人脑思维那样处理模糊信息呢？其原因在于传统的数学，不能描述"亦此亦彼"的现象。为克服这一障碍，L. A. 扎德教授提出了"模糊集合论"。

模糊逻辑与一般数字逻辑的"0"和"1"不同。模糊逻辑并不是非零即一，它表示了程度的概念。它的特点在于允许"属于中间的中介状态"，以隶属函数概念代表模糊集合，允许领域中存在"非完全属于"和"非完全不属于"等集合的情况，即为相对属于的概念，并将"属于"观念数量化，承认领域中不同的元素对于同一集合有不同的隶属度，借以描述元素和集合的关系，并进行量度。

比如，要用人的感受来描述环境温度 T，可用"冷、适中、热"来表示，但它们之间并没有明确有界限，对应3个模糊集合，具体的冷热程度取决于对应模糊集的隶属度 μ。就"冷"而言，一般认为0℃以下肯定属于"冷"，对应模糊集"冷"的隶属度为"1"，0℃以上则随着气温的升高，"冷"的程度逐渐降低，对应的隶属度取值逐渐减小。"适中"、"热"的情况与此类似，20℃左右为"适中"，隶属度取值为1，在此基础上的气温升高与降低都会减小隶属度取值。37℃以上肯定属于"热"，隶属度取值为1，在此温度以下，隶属度值取越来越低。隶属度函数曲线可表示如图 5-12 所示。

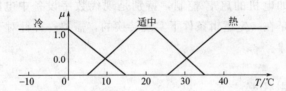

图 5-12　冷-热-适中 3 个模糊集隶属度函数曲线

模糊控制过程存在三个过程。

① 输入模糊化　将输入的精确量经输入隶属函数映射成模糊输入变量（模糊化）。

模糊推理是模仿人的思维方式，定性地作出判断，需要将输入的数值量转化为用隶属度函数表达的模糊量，这个过程叫模糊化。

② 模糊推理　用模糊规则对模糊输入变量推理，并得到模糊控制变量（模糊推理）。

模糊规则的建立是把人类专家对特定的被控对象或过程的控制策略总结成一系列以"IF（条件）　THEN（作用）"形式表示的控制规则，通过模糊推理得到控制作用集，作用于被控对象或过程。控制作用集为一组条件语句，状态语句和控制作用均为一组被量化了的模糊语言集，如"正大"、"负大"、"正小"、"负小"、"零"等。

③ 输出清晰化　用输出隶属函数将模糊控制变量转换成能进行实际控制的精确控制量。

模糊控制的输出量是唯一的，也就是说它给执行机构的是一个确定的信号。这是因为输入量开始时对应了一个模糊集合。经过模糊推理，必然得到一个模糊的输出量集合。但是一个执行机构的控制是唯一的，不能模棱两可。所以，要根据一定的计算方法得出一个唯一的输出量，传递给执行机构，进行各项调节。

图 5-13 所示模糊控制系统结构图。

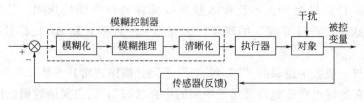

图 5-13　模糊控制系统结构图

模糊控制相对于传统的 PID 来说，更智能一些。传统的 PID 的几个参数一旦设好以后，无论系统怎样变化，PID 还是按照设定的几个参数运行，如果使用环境偏离了设计的环境，且不根据使用环境的变化重新人工修订 PID 的几个参数，这时候 PID 就起不到原先的效果，而且输出和设定偏差更大。模糊控制会根据使用环境的变化，自己修正参数使输出值无限接近设定值。

第三节　逻辑控制规律

在控制领域中，除连续变化的模拟量需要控制外，还有大量的开关状态及通断状态等开关量需要被控制，如电机的启-停控制，特别是现代数字设备中电路状态的转换控制，开关与通断状态通常是在一定逻辑条件下实现转换的，需要一种针对于开关量的逻辑控制策略或者逻辑控制规律。

一、逻辑与逻辑代数

1. 逻辑

逻辑是人的一种抽象思维，是人通过概念、判断、推理、论证来理解和区分客观世界的思维过程。通常指总结出来的一些思考问题、认识事物的思维规则，即从某些已知条件出发推出合理结论的规律。

（1）判断与推理、演算

判断（命题）　对思维对象有所肯定或否定的思维形式。

推理　从一个或几个命题（称作前提）出发推出另一个命题（称作结论）的思维形式。

逻辑推理中的已知条件和结论都是可以判断真假的命题。如果把命题作为最基本的成分，只研究命题推理的规律，就得到命题逻辑。

命题演算　是研究关于命题如何通过一些逻辑连接词构成更复杂的命题以及逻辑推理的方法。

（2）事实真与逻辑真

命题是判断的语言表达，总是表现为具有真假的语句。

真和假是一个命题的值，通称逻辑值。传统逻辑只取"真"和"假"两个值（合称真值），称为二值逻辑。

如何区分和确定一个命题的真值？

一个命题若符合实际情况，它就是一个事实上真的命题，这样的真就被称为事实真。反之，就是一个事实上假的命题。

2. 逻辑代数与基本关系

逻辑变量是一些可以取值为真或假的命题称谓。

如果把逻辑变量看作运算的对象，如同代数中的数字、字母或代数式，而把逻辑连接词看作运算符号，就像代数中的"加、减、乘、除"那样，那么由简单命题组成复合命题的过程，就可以当作逻辑运算的过程，也就是命题的演算。

命题演算的一个具体模型就是逻辑代数。逻辑代数也叫做开关代数。它的基本运算是逻辑加、逻辑乘和逻辑非，也就是命题演算中的"或"、"与"、"非"，运算对象只有两个数"1"和"0"，相当于命题演算中的"真"和"假"。

3. 逻辑代数的电路演算

逻辑代数的运算特点同电路分析中的开和关、高电位和低电位、导通和截止等现象完全一样，都只有两种不同的状态，因此，逻辑代数的运算可以通过电路进行演算。

在具体电路演算实践中是用电路某点电位状态来描述逻辑值的。在正逻辑系统中，常用高电位（比如 5V）表示逻辑值"1"，用低电位（比如 0V）表示逻辑值"0"，如图 5-14 所示。

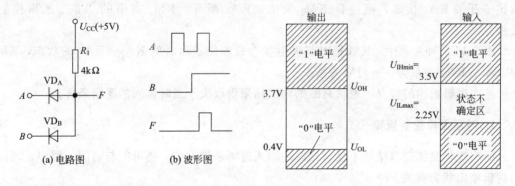

图 5-14　逻辑值的电位描述关系

图 5-14 电路的逻辑输出 F 取决于逻辑输入 A、B，表明利用电子元件可以组成相当于逻辑加、逻辑或和逻辑非的门电路，就是逻辑元件。如果用简单的逻辑元件组成各种逻辑网络，便能实现复杂的逻辑关系运算，从而使电子元件具有逻辑判断的功能。

由此，可以通过逻辑元件及相应的电路组合关系，来实现生产实践中的命题及演算，产生相应的决策。因此，逻辑代数在自动控制方面有重要的应用。

二、逻辑控制规律

逻辑控制规律就是根据某些条件的逻辑关系，决定最后实施的控制。

1. 基本逻辑控制规律

基本逻辑控制规律就是按基本逻辑运算关系所确定的逻辑结果来实施的控制关系，此种逻辑结果与逻辑条件间的关系被称为组合逻辑。

如图 5-15 所示，分别存在着"与"、"或"、"非"三种基本逻辑控制关系。

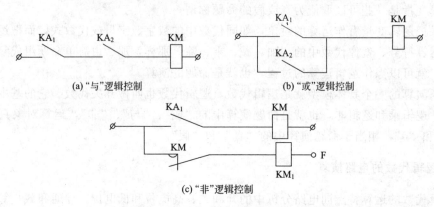

(a)"与"逻辑控制   (b)"或"逻辑控制

(c)"非"逻辑控制

图 5-15 基本逻辑控制

其中，(a) 图描述了开关 KA_1、KA_2 同时接通，继电器 KM 才得电，任一开关断开，KM 均失电的"与"逻辑控制关系；(b) 图描述了开关 KA_1、KA_2 任一个接通，继电器 KM 都得电，KA_1、KA_2 均断开，KM 才失电的"或"逻辑控制关系；(c) 图描述了开关 KA_1 接通，继电器 KM_1 失电，KA_1 断开，KM_1 得电的"非"逻辑控制关系。

图 5-15 三种关系中，KM 得电与失电状态只取决于当时的 KA_1、KA_2 的状态，KM 与 KA_1、KA_2 关系为一一对应关系。

基本逻辑规律的特点：逻辑判断的输出结果仅取决于当时输入的逻辑条件。

2. 时序逻辑控制规律

时序逻辑是指逻辑结果不仅与当时的输入逻辑条件有关，还可能与时间、顺序、当时的逻辑输出状态有关。

(1) 顺序逻辑控制规律

顺序控制是以预先规定好的时间或条件为依据，按预先规定好的动作次序，对控制过程各阶段顺序地进行自动控制。

如图 5-16 所示，图中 $G_1 \sim G_4$ 分别表示第一至第四程序的执行电路，可根据每一程序的具体要求设计，$K_1 \sim K_4$ 分别表示 $G_1 \sim G_4$ 程序执行完成时发出的控制信号，SB_5、SB_6 分别为启动和停止按钮。

当启动按钮 SB_6 发出启动信号后，电路将按动作顺序依次执行 $G_1 \sim G_4$ 规定的任务，第一过程完成后发出下一过程启动信号，不相邻过程不会执行。

(2) 反馈逻辑控制规律

此种逻辑控制关系中，逻辑条件中包含有逻辑运算结果，也就是说决定逻辑运算结果

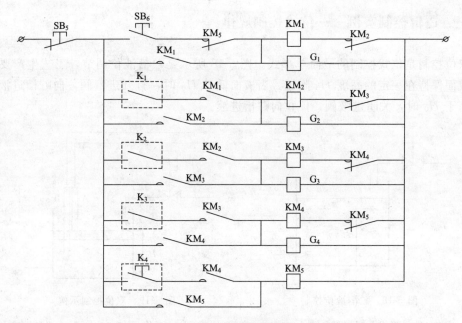

图 5-16 顺序控制例图

的因素不仅与外部条件有关，还与当时的逻辑结果有关。

如图 5-17（a）所示比较电路中，输入电压 U_i 与输出电压反馈值 U_f 比较，决定输出电压 U_o 是否为高电位。

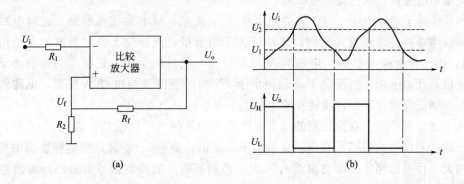

图 5-17 电压比较电路

从图 5-17（b）可以看出，在 U_i 处于 U_1、U_2 之间时，输出电压的高低电位维持原有状态不变，只有当低于下限或高于上限时，输出状态才发生变化。这是由于参与比较的反馈电压由输出电压决定：

$$U_f = \frac{R_2}{R_f + R_2} U_o$$

比较结果不仅与输入电压有关，还与输出电压有关。

这种基于反馈的逻辑控制关系大量存在于逻辑控制工程实例中，如图 5-16 中各行电路中的 KM 自锁触点，均具有这种反馈维持功能。

三、逻辑控制实例——位式控制规律

双位控制是位式控制的最简单形式。图 5-18 所示是贮槽液位调节，工艺生产要求贮槽的液面保持在一定的高度 H_0 附近。当液面低于 H_0 时，打开进液阀，向贮槽进液；当液面高于 H_0 时，关闭进液阀，停止向贮槽进液。

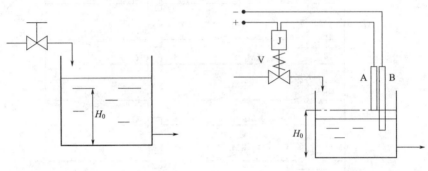

图 5-18　贮槽液位控制　　　　　图 5-19　双位控制示例

为实现这一要求，在进液管上安装一常开电磁阀 V，如图 5-19 所示。在贮槽内置放两电极 A、B（若贮槽为金属壁，可用贮槽作为电极 B），电极 A 的一端调整在液位设定值的位置，作为测量液位的装置。电磁阀的线圈 J 的两接点分别接电源正极和电极 A，电源的负极与电极 B 相连（或者均接地）。液体是导电的。由此构成一个双位式控制系统，操作变量是进液量，执行器是电磁阀。

当液位低于给定值 H_0 时，液体与电极 A 未接触，继电器线圈断路，此时电磁阀 V 全开，液体通过电磁阀流入贮槽，进液量大于出液量，使液位上升。当液位高于给定值 H_0 时，液体与电极 A 接触，电磁阀 V 线圈得电，电磁阀全关，进液量为零而小于出液量，液位又开始下降。当液位下降到稍小于 H_0 时，液体又与电极 A 脱离，电磁阀又开启进液。如此反复，液位就维持在给定值上下很小的一个范围内波动。

从上述分析可知，双位控制的动作规律是当测量值大于给定值，偏差 $e>0$ 时，控制器输出的控制信号为最小，而当测量值小于给定值，偏差 $e<0$ 时，控制器输出的控制信号为最大（也可以相反，即当偏差 $e<0$ 时，控制器输出的控制信号为最小；而偏差 $e>0$ 时，控制器输出的控制信号为最大）。偏差 e 与控制器输出的控制信号 Δp 的关系为：

$$\Delta p = \begin{cases} p_{max} & e>0 \text{（或 } e<0\text{）} \\ p_{min} & e<0 \text{（或 } e>0\text{）} \end{cases}$$

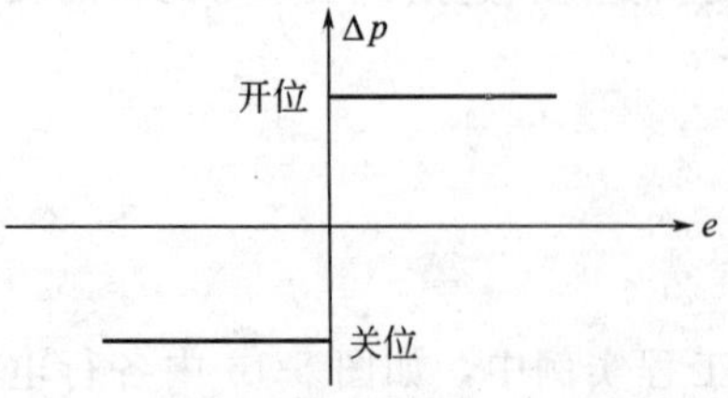

双位控制只有两个输出值，相应的执行器也只有两个位置，不是开就是关（不是最小就是最大），而且从一个位置到另一个位置在时间上是很快的，如图 5-20 所示。

实际上，双位控制规律按图 5-20 的理想规律动作是很难实现的，而且也没有必要。从上例的双位控制

图 5-20　理想的双位控制特性

器的动作看来，若要按上述规律动作，则电磁阀的动作太频繁，会使系统中运动部件损坏，很难保证双位控制系统安全、可靠地工作。况且，实际生产中的给定值也是允许有一个变化范围的，只不过有的允许范围小些，有的允许范围大些。

因此，实际应用的双位控制器都有一个中间区（也称不灵敏区）。所谓中间区就是当被控变量上升时，必须在高于设定值某一数值后（$+\varepsilon$），阀门才关（或开）；而当被控变量下降时，必须在低于设定值某一数值后（$-\varepsilon$），阀门才开（或关）。在中间区内阀门是不动的。这样既满足了工艺要求，又减少了执行器频繁动作引起的磨损，延长了使用寿命。实际的双位控制器的控制特性如图 5-21 所示。

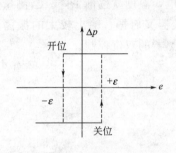

图 5-21　实际的双位控制特性

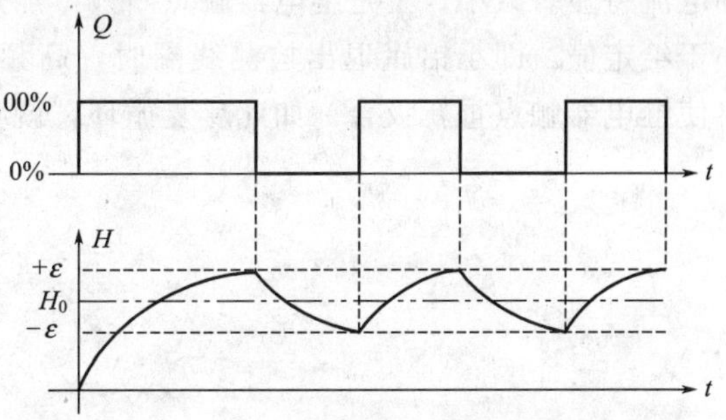

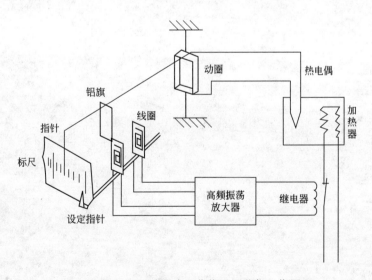

图 5-22　双位式液位控制过程

具有中间区的贮槽液位控制过程如图 5-22 所示，上面的曲线是电磁阀输出变化与时间的关系，下面的曲线是被控变量（液位 H）在中间区内随时间变化的曲线。显然，双位式控制的结果是被控变量在上限与下限之间做等幅振荡。改变中间区的大小，等幅振荡的幅度也将变化。

双位控制结构简单，成本较低，易于实现，因此应用很普遍。工厂和实验室中，常用 XCT 型动圈式指示控制仪对一些电加热设备进行双位式温度控制，其工作原理如图 5-23 所示。

图 5-23　XCT 型动圈式双位指示调节仪工作原理

被测温度由热电偶或热电阻测量桥路变换为直流毫伏信号，输入到动圈测量机构，使动圈连同其上的指示指针、铝旗随输入毫伏信号的大小产生相应的偏转，指针直接指示出测量值。同时铝旗也处于一个相应的位置，它与给定针上附有的平面检测线圈构成偏差检测机构，把指示值与设定值的偏差变成了铝旗与平面检测线圈的相互位置变化。检测线圈是控制电路中的一个电感元件。当指示值低于给定值时，铝旗在检测线圈外面，此时检测线圈有较大的电感量，高频振荡放大器有振荡电流输出，使继电器吸合，加热器通电加热。当测量值到达给定值时，指示指针与给定指针重合，装在指示指针上的小铝旗便进入两平行检测线圈之间，使检测线圈的电感量减少，高频振荡器便停振，此时流过继电器线圈的电流将显著减小，于是继电器触点断开，加热电路断电，温度就逐渐下降。当测量值又小于给定值，即小铝旗退出检测线圈时，高频振荡放大器又启振，输出较大的振荡电流，使继电器触点重新吸合。如此反复循环，就实现了加热器的双位控制。

第六单元　自动化技术应用

自动化技术的发展始于工业生产控制的需要，工业自动化技术反映了自动化技术的全貌。工业生产基本上分为两大方式：离散型与流程型。

离散生产是指以一个个单独的零部件组成最终产成品的方式，生产过程中基本上没有发生物质改变，只是物料的形状和组合发生改变，即最终产品是由各种物料装配而成，并且产品与所需物料之间有确定的数量比例。

流程生产也叫过程生产，是为了突出流程型工业生产中物料的流动性质，呈流体状态的各种物料在管道中连续流动，经过传热、传质、物理、生化和化学反应等，发生相变或分子结构等的变化，失去原有的性质，最终形成一种新的产品。

典型的离散行业有机械制造业、汽车制造业、家电制造业等，生产方式以离散为主，流程为辅，装配为重点；典型的流程生产行业有化工、炼油、制药、电力、钢铁制造、水泥等领域，生产方式以流程为主，离散为辅。

第一节　自动化技术应用于流程生产领域

一、流程生产与控制特点

1. 流程生产特点

流程生产与其他生产方式相比，有下列显著的特点。

① 流程工业的生产过程是连续的，不允许某个环节的运行中断，需要将各种生产装置、生产环节作为一个整体来考虑，谋求整个生产过程运行状态良好。

② 流程工业加工过程包括了信息流、物质流和能量流，同时还伴随着物理化学反应、生化反应，还有物质和能量的转换与传递。因此，生产过程的变化机理十分复杂，有的还非常不清楚。

③ 流程工业往往处于十分苛刻的生产环境，例如高温、高压、真空，有时甚至在易燃易爆、有毒、有腐蚀的环境，因而生产中的人身安全和设备安全被放在最重要的位置，相应的故障预测、预报、诊断和安全监控系统受到特别的重视。

④ 在流程工业生产中，被控对象以管道、容器、反应塔、反应釜等为主，具有非线性、时变性、大滞后性、多变量特性。温度、压力、流量、液位（料位）、成分和物性等六大参数是反映设备、过程运行状态的主要信息。

图 6-1 工艺管道-仪表流程图（P&ID）描述的是某碳化塔生产控制信息。

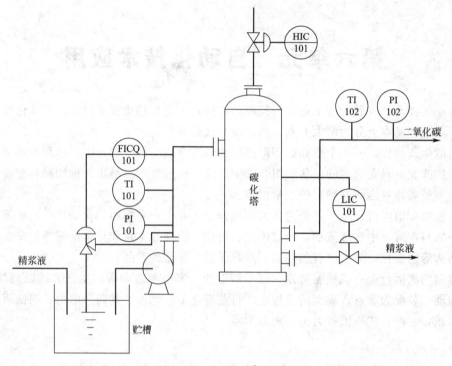

图 6-1　碳化塔 P&ID 图

2. 流程生产自动化及控制特点

① 以获取连续变化量的热工量检测装置及变送器为主体，用模拟信号来描述生产运行状态。现场执行与驱动装置以控制阀、变频器-电机-泵、电磁阀等为主，实施连续流体的输送与量的控制。生产状态控制、显示主体采用自动化仪表、智能控制仪表、DCS 系统等。

② 由于生产工艺对生产运行参数要求的确定性，控制形式主要采用反馈控制形式，构建闭环控制系统为主体。为了解决复杂的干扰影响，控制回路结构复杂。

③ 生产运行状态参数为连续变化量，对于单参数系统主要采用的控制策略是 PID 控制规律，对于多变量等复杂特性系统，可能不得不采用智能化控制策略。

④ 鉴于生产的连续性与各生产环节的关联较大，对于监控的要求较高，自动化系统规模较大，构建"监测-控制"一体化系统。

二、过程控制系统简介

过程控制（流程控制）系统主要依赖于自动化仪表、过程控制装置等自动化设备。随着仪表技术、控制技术、网络技术及自动化理论等的发展，过程控制系统由早期仪表控制发展到集散系统及总线系统等网络控制形式。

1. 仪表控制系统

仪表控制在早期的过程控制中发挥着重要的作用。为了实现过程控制，开发、生产了各种功能、用途的自动化仪表，分别扮演参数检测、信号处理、指示记录、运算控制、报警联锁、执行等角色，实现自动检测、操作、控制、报警与联锁保护等功能，保证了生产过程的正常运行，如图 6-2 所示的仪表控制系统。

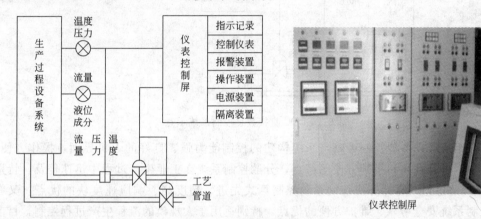

图 6-2　仪表控制系统示意

随着工业生产规模的扩大、工艺过程复杂性与控制难度加大，仪表控制系统变得越来越庞大，不得不在各生产局部环节设置独立的仪表控制室，负责各自区域生产过程的控制与监测，每个独立仪表控制室均由大量的仪表构成，线路复杂，维护与检修难度极大。仪表本身功能有限，限制了先进控制策略的应用。同时各仪表间难以相互传递数据，各仪表控制室间的信息传递更是不可能的事，不便于企业的生产过程监测与管理。

2. 计算机直接控制系统

随着计算机应用的普及，设想应用计算机的强大数据处理能力、大容量的数据存储能力、快速运算能力，一台计算机就可以代替大量的常规控制器；同时计算机可以通过编程完成常规控制、复杂控制及先进控制策略，且能灵活地进行方案调整与修改，加之计算机具有通信功能，便于信息的集中，所以采用数字计算机对整个生产过程实施控制与监测，构建为 DDC 控制系统（直接数字控制系统）。

如图 6-3 所示，过程控制功能由计算机实现；参数的显示、记录、设备状态等信息由屏幕显示；人员通过键盘对生产过程实施参数调整、修正，或者直接干预生产过程。因为计算机只能接受、处理数字信号，从现场来或送到现场的信号主要是模拟信号，在现场仪表与控制计算机之间设置数模转换接口、数据采集装置等，在信号类型上实现连接。

3. DCS、PLC 与 FCS 控制系统

（1）DCS 的应用

自 1975 年分散控制系统诞生以来的 30 多年，因其分级分散网络结构具有的规模扩展

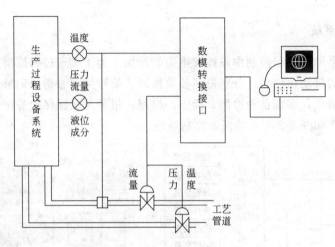

图 6-3　DDC 直接数字控制系统示意

性、超强组态实现各种控制策略与系统构建的控制能力强、良好的人机界面、操作方便、编程简单、可靠性高和维护方便等特点，分散控制系统在工业生产过程中迅速普及。特别是 DCS 构建思想既有计算机控制系统控制算式先进、精度高、响应速度快的优点，又有仪表控制系统安全可靠、维护方便的优点，特别适用于大规模的流程生产过程控制，目前广泛应用于电力、石化、冶金等行业，同时在造纸、建材、制药、生化等行业也得到了广泛的应用，大幅度地提高了生产过程的安全性、经济性、稳定性和可靠性。其他流程生产中的应用如图 6-4 所示。

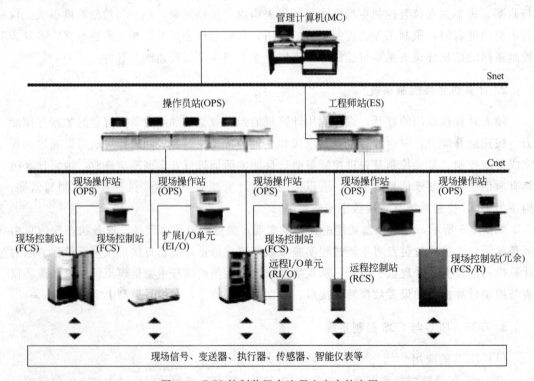

图 6-4　DCS 控制装置在流程生产中的应用

（2）PLC 的应用

PLC 研发与应用的初期，主要是为了取代继电逻辑控制装置，执行逻辑、计时、计数等顺序控制功能，建立柔性程序控制系统。30 多年来，PLC 的功能和结构不断改进，它的模拟量处理功能、数学演算功能、闭环控制功能被注入并得到了完善，应用范围从原来的逻辑控制发展到连续和批量过程控制。在工程实践中，PLC 以高可靠、低成本的特点，在现场控制级中作为控制装置深受广大用户好评，如图 6-5 所示。

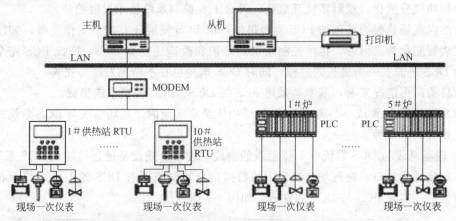

图 6-5　以 PLC 现场控制单元的过程控制系统

特别是 PLC 的远程 I/O、强大的组网能力以及基于开放式现场总线协议的通信能力，PLC 与传统 DCS 控制装置融合、上层 PLC 与下层 PLC 主从站融合，以 DCS 系统结构体系构建分层分级的控制系统，如图 6-6 所示。

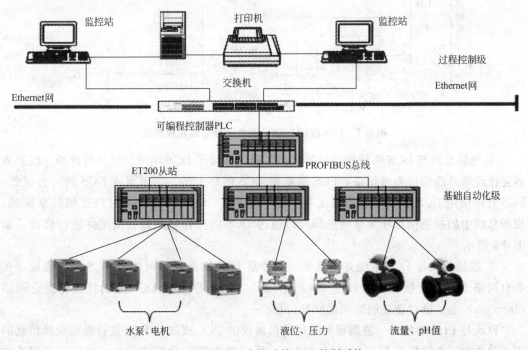

图 6-6　以 PLC 为基础的 DCS 控制系统

在流程生产控制领域，以 PLC 为基础的 DCS 发展更快，迅速抢占了不少 DCS 控制系统的传统应用领域。目前 PLC 与 DCS 相互渗透，相互融合，相互竞争，已成为当今工业控制系统的生力军。

（3）FCS 的应用

现场总线的应用是工业过程控制发展的主流之一，可以说 FCS 的发展应用是自动化领域的一场革命。采用现场总线技术构造低成本现场总线控制系统，促进现场仪表的智能化、控制功能分散化、控制系统开放化，符合工业控制系统技术发展趋势。

虽然以现场总线为基础的 FCS 发展很快，但 FCS 发展还有很多工作要做，如统一标准、仪表智能化等。另外，传统控制系统的维护和改造还需要 DCS，因此 FCS 完全取代传统的 DCS 还需要一个漫长的过程，同时 DCS 本身也在不断地发展与完善。

就目前应用情况来看，基本是采用 FCS 与 DCS、PLC 控制系统集成。

FCS 与 DCS 的集成　是考虑 DCS 的结构体系来实施的。现场总线与 DCS 系统的集成方式主要有以下三种。

① 现场总线与 DCS 系统中 I/O 总线的集成　现场总线设备通过挂接在 DCS 系统 I/O 总线的现场总线接口，把现场总线当中的数据信息映射成原有 DCS 的 I/O 总线上相对应的数据信息，实现 FCS 与 DCS 的集成，如图 6-7 所示。

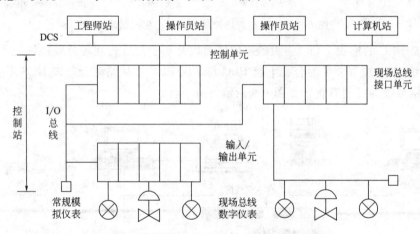

图 6-7　FCS 挂接于 DCS 系统 I/O 总线实现集成

② 现场总线与 DCS 系统网络层的集成　通过挂接于 DCS 网络层接口的现场总线服务器连接现场总线型仪表或设备，FCS 被看做 DCS 网络上的一个节点或 DCS 的一台设备，FCS 直接借用 DCS 的操作员站或工程师站，这样 FCS 和 DCS 之间可以互相共享资源，现场总线中的控制信息和测量信息都可以通过 DCS 的操作员站进行浏览并进行修改，如图 6-8 所示。

③ 现场总线与 DCS 系统并行集成　一种是 FCS 网络通过网关与 DCS 网络集成，在各自网络上直接交换信息，如图 6-9 所示；另一种是 FCS 和 DCS 分别挂接在企业网络（Intranet）上，通过企业网络间接交换信息。

FCS 与 PLC 的集成　遵循现场总线通信协议的 PLC 或能与 FCS 进行通信交换信息的PLC，作为一个站挂在 FCS 的现场总线上，既可视为智能化现场设备，也可完成现场的

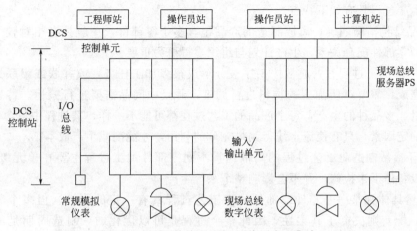

图 6-8 FCS 挂接于 DCS 网络层实现集成

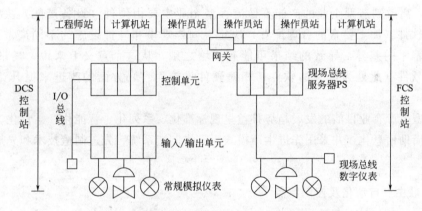

图 6-9 FCS 通过网关挂接于 DCS 网络层实现集成

一些复杂控制功能，使它不会受到 FCS 发展的影响而被淘汰，所以 PLC 还会在系统中作为一个重要的角色存在，而且发展前景将更加广阔。

可以肯定的是，结合 DCS、工业以太网、先进控制等新技术的 FCS 将具有强大的生命力。今后的控制系统将会是：FCS 处于控制系统中心地位，兼有 DCS、PLC 系统的一种新型标准化、智能化、开放性、网络化、信息化控制系统。

第二节 离散生产领域应用

一、离散生产与控制特点

1. 离散生产特点

离散型生产主要针对离散物品的加工、装配、包装、输送、储藏等机械作业过程。

离散生产过程具有如下特点。

① 产品结构清晰明确，离散制造的产品包含多个零部件，一般具有相对较为固定的产品结构和零部件配套关系，生产计划与组织显得更为重要。

② 从产品加工过程看，通常按工序被分解成很多加工任务，或并联或串联组成复杂的过程来完成，需要对所加工的物料进行调度，并且中间品需要进行搬运。特别是定单式、小批量、多品种的生产，每个产品的工艺过程都可能不一样，其过程中包含着更多的变化和不确定因素，只有使流水线得到最充分的利用，才能削减生产成本。

③ 由于离散制造业工艺过程的离散性，不同零部件加工过程主要在单元级内完成，可以单台设备停下来检修，并不会影响整个系统生产。

④ 虽然具体到某一个零件或部件加工工艺过程具有一定的刚性，但多个零部件关联、组合、配套则决定了其柔性，因此整个过程是可以优化的，制造周期是可以有效缩短的。

因此，离散制造型企业的产能不像流程型企业主要由硬件（设备产能）决定那样，而主要以软件（加工要素的合理配置）决定。同样规模和硬件设施的不同离散型企业，因其管理水平的差异，导致的结果可能有天壤之别，从这个意义上来说，离散制造型企业通过软件（此处为广义的软件，相对硬件设施而言）方面的改进来提升竞争力更具潜力。

离散型生产企业目前的发展趋势日益呈现标准化、系列化、智能化、柔性化、精密化等特点，借助信息化，并采用先进生产模式、先进制造系统、先进制造技术和先进组织管理方式。

2. 离散生产自动化及控制特点

① 离散生产型以离散固体物料为主，涉及物品位移、形状、尺寸、姿势、位置、角度的检测与控制，以及针对步进过程、动作顺序的控制。现场执行与驱动装置以电动机、变频器、电磁机构为主，被控对象以机械制造、加工、装配、数控、离散物品传送等机械装置、电气设备为主。

② 离散型生产强调生产过程的工序和顺序，控制方式以程序控制形式为主体，涉及位置、位移、尺寸、姿态、角度等，以步进开环、伺服闭环形式为主构建系统。

③ 因为离散型物料的非连续性，各参数间的关联不强，过程控制更关注各动作间的协调，控制策略以采用逻辑规律为主体，控制装置以控制电器、继电逻辑、PLC、DCS与FCS及控制网络为主，生产组织与计划、协调与调度需求更趋向于构建网络化"管理-监测-控制"一体的自动化系统，优化产品生产全过程。

④ 离散型生产企业自动化发展方向：包括计算机辅助设计（CAD）和计算机辅助制造（CAM）在内的产品设计自动化；包括企业 ERP（Enterprise Resource Planning）在内的企业管理自动化；包括计算机控制技术、计算机数控（CNC）、各种自动生产线、自动存储运输设备、自动检测和监控设备在内的加工过程自动化；包括各种自动检测方法、手段和设备，计算机的质量统计分析方法、远程维修与服务在内的质量控制自动化等。

二、离散生产控制系统简介

1. 传统控制手段——继电逻辑控制

在离散型生产过程中，传统的生产过程控制主要利用电磁间的相互作用关系，以继电器-接触器为控制核心元件，如图 6-10 所示，应用微动开关、光电元件、霍尔元件、测速发电机等检测装置，获取机械动作部件及物料的位移、位置、角度、尺寸等相关状态参数，通过线路的连接，与继电-接触控制装置一起构成逻辑控制系统。

空气开关　接触器　接触器　接触器　热继电器　中间继电器　制动电源　时间继电器

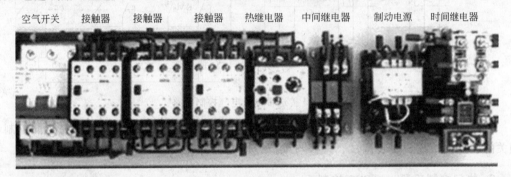

图 6-10　继电-接触控制装置

图 6-11 所示物料传送系统，物料的传送依靠由电机驱动的三条传送带。工作要求三条传送带的启-停需要按照正确的逻辑关系进行，也就是说电机 M_1、M_2、M_3 应按要求的逻辑关系进行启-停，否则不能实现启-停运行。图 6-12 为实现该逻辑关系的电气控制原理图。

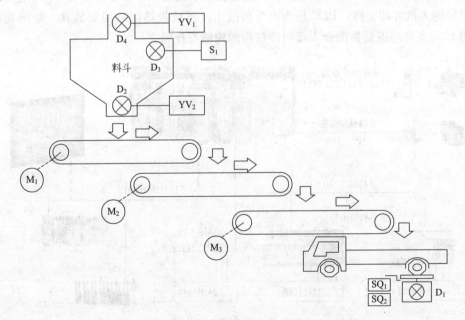

图 6-11　物料传送系统（传送带方式）

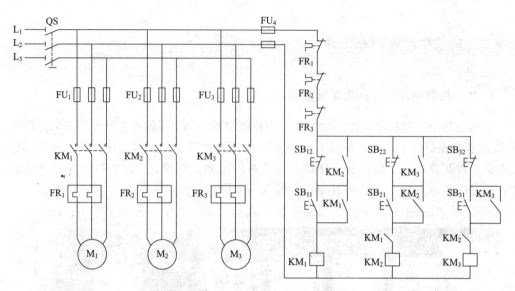

图 6-12　传送带电机电气控制线路

　　继电-接触器控制在复杂（如电梯类、大型生产加工设备等）装置上实现完善的控制，相关的设计、布线、安装调试、检修与维护等难度相当大。

2. 热门控制手段——PLC 控制

　　PLC 早期的目标就是针对离散生产领域，开发之初就因其稳定可靠、价格便宜、应用灵活方便、操作维护方便的优点，得到了社会的广泛认可。随着 PLC 特殊功能（如高速计数、远程 I/O、模拟量处理、PID 控制、定位与特殊功能模块、现场总线及以太网通信功能）的开发与完善，与伺服电机、步进电机、变频电机、智能化设备、网络连接，加上触摸屏的人机界面支持，PLC 成为当今离散生产领域最热门的控制装置。如图 6-13 所示，PLC 与多种外围设备配合实现生产过程的检测与控制。

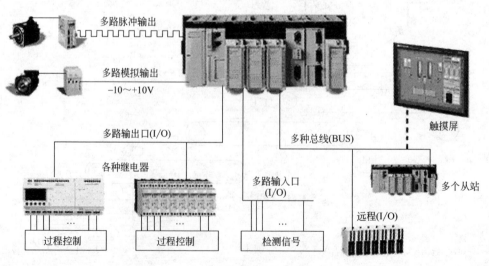

图 6-13　PLC 与多种外围设备配合构建控制系统

作为通用工业控制计算机，30 年来，PLC 可编程控制器从无到有，实现了工业控制领域接线逻辑到存储逻辑的飞跃；其功能从弱到强，实现了逻辑控制到数字控制的进步；其应用领域从小到大，实现了以单体设备简单控制到胜任运动控制、过程控制等各种任务的跨越。

今天的 PLC 正在成为工业控制领域的主流控制设备，已广泛应用于钢铁、石油、化工、电力、建材、机械制造、汽车、轻纺、交通运输、环保及文化娱乐等各个行业，既可用于单台设备的控制，也可用于多机群控及自动化流水线。

在离散制造领域，PLC 使用情况大致可归纳为如下几类。

（1）开关量的逻辑控制

这是 PLC 最基本、最广泛的应用领域，它取代传统的继电器电路，实现逻辑控制、顺序控制，既可用于单台设备的控制，也可用于多机群控及自动化流水线，如注塑机、印刷机、订书机械、组合机床、磨床、包装生产线、电镀流水线等。

如果用 PLC 对图 6-11 物料传送系统实施控制，只需要按图 6-14 原理连接相关外部装置，动作逻辑关系的实现通过用户编程（组态）来满足，无需再进行复杂的外部逻辑连接，同时用户组态，可以设置更为强大的判断、运算、通讯与诊断功能。这种控制手段极大地减少了线路连接，也就减少了故障率，给维护、维修带来了方便。同时当功能需要变动时，无需改变外部连接，只需对组态程序进行修改、调整即可。

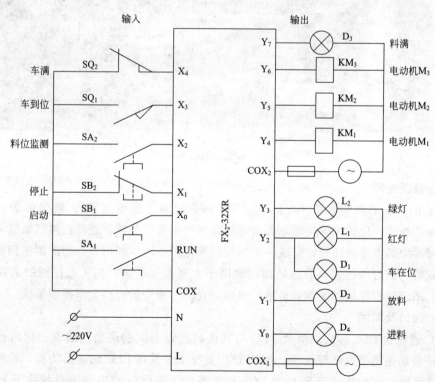

图 6-14 PLC（I/O）与外部设备连接原理图

（2）运动控制

PLC可以用于圆周运动或直线运动的控制。从控制机构配置来说，早期直接用于开关量I/O模块连接位置传感器和执行机构，现在一般使用专用的运动控制模块，如可驱动步进电机或伺服电机的单轴或多轴位置控制模块。世界上各主要PLC厂家的产品几乎都有运动控制功能，广泛用于各种机械、机床、机器人、电梯等场合。

对于图6-15所示的复杂、综合类加工设备，工作机械具有多种工作状态，若采用传感器、变频器、PLC、触摸屏等数字化检测控制装置，将会使控制线路更简化、工作更稳定、调整更方便。若如图6-16所示PLC控制电气柜设置触摸屏等人机界面，会使操作更方便、直观，同时也可通过计算机、触摸屏、组态画面对PLC控制及所控制的生产装置运行状态与参数进行在线监视与修改。

图 6-15   复杂一体化加工设备

（3）数据处理

现代PLC具有数学运算（含矩阵运算、函数运算、逻辑运算）、数据传送、数据转换、排序、查表、位操作等功能，可以完成数据的采集、分析及处理。这些数据可以与存储在存储器中的参考值比较，完成一定的控制操作，也可以利用通信功能传送到别的智能装置，或将它们打印制表。数据处理一般用于大型控制系统，如无人控制的柔性制造系统，也可用于过程控制系统，如造纸、冶金、食品工业中的一些大型控制系统。

（4）通信及联网

PLC通信含PLC间的通信及PLC与其他智能设备间的通信。随着计算机控制的发展，工厂自动化网络发展得很快，各PLC厂商都十分重视PLC的通信功能，纷纷推出各自的网络系统，或构建基于PLC的DCS控制系统，或作为FCS的节点挂接于FCS系统中，发挥着PLC强大的功能。

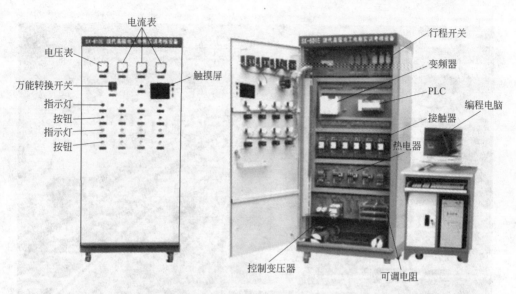

电流表
电压表
万能转换开关
指示灯
按钮
指示灯
按钮
触摸屏
行程开关
变频器
PLC
编程电脑
接触器
热电器
控制变压器
可调电阻

图 6-16 内装 PLC、变频器的电气控制柜

3. 柔性制造系统

机械制造是现代工业重要的组成部分，对国民经济建设有非常巨大的影响。机械制造自动化技术从 20 世纪 50 年代至今，经历了单机自动化、刚性生产线，数控机床、加工中心，到柔性生产线、柔性制造三个阶段。

机械制造自动化以数控装置与数控机床为核心，构成数字化加工系统，如图 6-17 所示。以机械手臂等装配设备为中心，构成自动化流水生产线系统，如图 6-18 所示。

图 6-17 数字化加工系统

图 6-18　自动化流水生产线系统

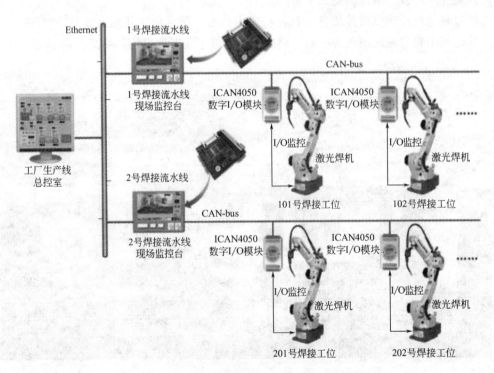

图 6-19　机械手自动化焊接生产线（现场总线系统）

在这类系统结构中涉及多种机械结构、机械器具，多种机械动作。在一个加工制造系统中，复杂的协调控制、多方位驱动、多位置检测可以借助 PLC、计算机系统、通讯网络、反馈控制技术，实施综合数字化控制。

如图 6-19 所示机械手自动化焊接生产线，各机械手通过现场总线接口或远程 I/O 接口与控制网络相连，构建现场总线型控制系统。

更具高度自动化加工形式的是柔性制造系统，如图 6-20 所示，不仅包括数控加工系统（多台制造设备），同时还包括物流系统（设备间自动传输材料、工具、零配件）、监控系统（发布指令、协调动作与输送装置）。图 6-21 所示是中央刀具管理系统。图 6-22 所示是自动化仓库管理系统。

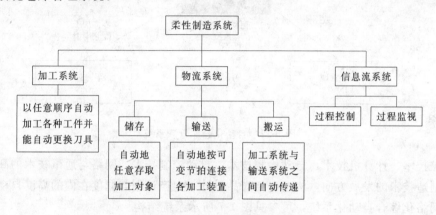

图 6-20　柔性制造（集成制造）系统

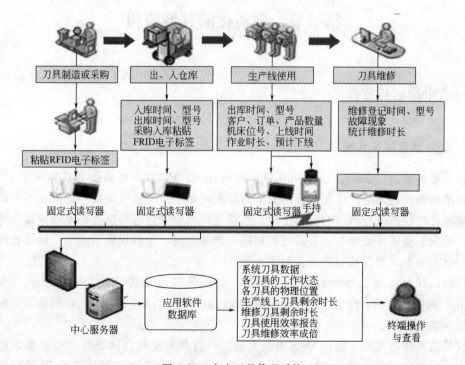

图 6-21　中央刀具管理系统

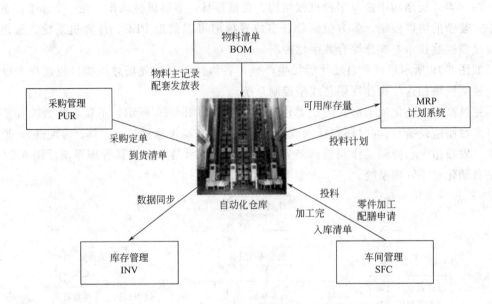

图 6-22 自动化仓库管理系统

数控技术、计算机技术、自动检测技术、自动控制技术、网络与通讯技术的高度综合是机械制造技术的发展方向，构建包括产品设计、生产计划与调度在内的高度自动化、智能化、网络化综合自动化系统，可参见图 1-7 所示系统结构。

第三节　自动化的其他应用

一、生产运行监控

1. ESD 紧急停车系统

紧急停车系统（Emergency Shut Down System，ESD），主要是为石油化工、电力、冶炼等流程领域连续生产作业过程的安全而设置，对生产装置可能发生危险或不采取措施将继续恶化的状态进行自动响应和干预。也就是说当生产过程出现意外波动或紧急情况需要时，采取某些动作或停车。该系统能精确监测并及时、准确地做出响应，使装置停在一定的安全水平上，确保装置和人身的安全。

目前国际上还有另外两种不同的叫法，如安全仪表系统 SIS（Safety Instrumented System）和仪表保护系统 IPS（Instrumented Protective System），这几种叫法都是指用仪表系统来实施保护。

目前流程生产过程一般用 DCS 系统实现生产过程自动化。DCS 处理信息多，通讯系统复杂，出现故障概率相对也较高，生产安全问题就更为重要。在使用 DCS 进行生产过程控制的同时，采用紧急停车系统 ESD 来保障生产、设备、人员安全。

（1）ESD 系统组成与工作过程

ESD 系统的基本结构由检测元件，逻辑单元和执行元件组成，如图 6-23 所示。

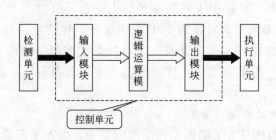

图 6-23 ESD 紧急停车系统组成

传感检测元件对涉及设备安全、生产运行安全的状态参数实施独立检测，送逻辑运算模块进行综合分析、比对，并作出逻辑决策，发出动作指令，驱动执行单元执行紧急动作。

通常情况下，ESD 系统是独立于 DCS 系统设置的，即 ESD 系统与 DCS 过程控制系统实体分离，传感检测元件与生产过程检测元件不共用。最终执行单元主体是切断阀、电磁阀，在符合安全规定的前提下与过程控制阀串联。

逻辑控制部件有继电逻辑线路和高速运算 PLC 控制两类。高速运算 PLC 与常规 PLC 的本质区别在于它的输入输出卡件上，应一切为了安全考虑，所以在硬件保护上做得较为完善，而且要考虑到在事故状态下现场控制阀位及各个开关的位置。

随着技术发展，目前主要采用高速运算 PLC 实现逻辑控制，并通过网络与其他功能系统或生产系统实现互连，也按 DCS 结构系统进行构建，如图 6-24 所示，便于工程人员组态紧急联锁方案，也便于操作人员的实施监控。

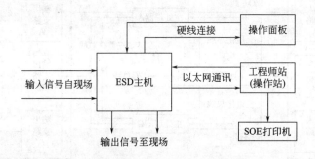

图 6-24 ESD 系统网络结构

ESD 系统独立于 DCS 系统理由如下：

① 降低控制功能和安全功能同时失效的概率，当 DCS 部分故障时也不会危及安全保护系统；

② 对于大型装置或旋转机械设备而言，紧急停车系统响应速度越快越好，这有利于保护设备，避免事故扩大，并有利于分辨事故原因记录，而 DCS 处理大量过程监测信息，因此其响应速度难以做得很快；

③ DCS 系统是过程控制系统，是动态的，需要人工频繁地干预，这有可能引起人为误动作，而 ESD 是静态的，不需要人为干预，这样设置 ESD 可以避免人为误动作。

在正常情况下，ESD 系统是处于静态的，不需要人为干预；作为安全保护系统，凌驾于生产过程控制之上，实时在线监测装置的安全性。只有当生产装置出现紧急情况时，不需要经过 DCS 系统，而直接由 ESD 发出保护联锁信号，对现场设备进行安全保护，避免危险扩散，造成巨大损失。因此设置独立于控制系统的安全联锁是十分必要的，这是作好安全生产的重要准则。该动则动，不该动则不动，这是 ESD 系统的一个显著特点。

（2）紧急停车系统必须是容错系统

ESD 系统的最终目标是为了确保工艺生产的安全，保护生产设备和操作人员不受伤害。当无论何种原因使生产装置停车（Shutdown）时，ESD 系统所控制的目标元件所处的状态都要确保生产安全。ESD 紧急停车系统的安全级别高于 DCS。

容错是指系统在一个或多个元件出现故障时，系统仍能继续运行的能力。一个容错系统应该具有以下的功能：①检测出发生故障的元件；②报告操作人员何处发生故障；③即使存在故障，系统依然能够持续正常运行；④检测出系统是否已被修理恢复常态。

紧急停车系统按照结构来分，可分为双重化冗余和三重化冗余两种。双重化冗余 ESD 系统从 I/O 模块到 CPU、通信模块都是双重化配置的，其中一套处于工作状态，另一套则处于热备状态。三重化冗余 ESD 系统与双重化冗余 ESD 系统最大的区别是三重化冗余 ESD 系统的三重化设备同时处于工作状态，因此它需要有更强大的硬件诊断功能，在检测到某一通道的硬件有故障时，立即发出系统报警并适当地调整相应通道的选择运算方式，但系统仍能安全地运行，所以三重化系统也被叫做"冗余容错"系统。图 6-25 所示是三重冗余 ESD 硬件系统。

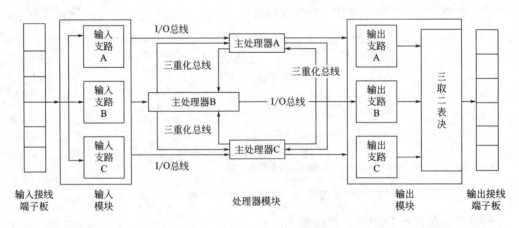

图 6-25　三重冗余 ESD 硬件系统

2. 设备状态监测系统

现代化生产企业为了极大限度地提高生产水平和经济效益，不断地向规模化和高技术含量发展，因此生产装置趋向大型化、高速高效化、自动化和连续化，人们对设备的要求不仅是性能好，效率高，还要求在运行过程中少出故障，否则因故障停机带来的损失是十分巨大的，甚至于因故障而发展成重大灾难性事故。国内外化工、石化、电力、钢铁和航空等部门，从许多大型设备故障和事故中逐渐认识到开展设备状态监测与故障诊断的重要性。

实施设备状态检测是安全生产的需要，目的在于掌握设备发生故障之前的异常征兆，分析判定设备劣化趋势和故障部位、原因并预测变化发展，以便事前采取针对性的防范措施，控制突发故障出现，为设备状态维修提供可靠依据，从而减少故障停机时间与停机损失，降低维修费用，提高设备有效利用率。图 6-26 所示为某化工生产企业构建专用安全生产监控系统，对设备状态进行的检测。

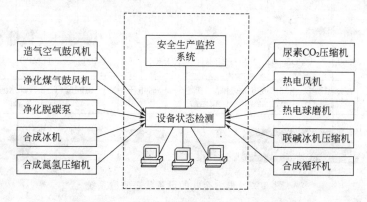

图 6-26 某化工生产企业设备状态检测图

所谓设备状态监测，是对运转中的设备整体或其零部件的技术状态进行检查、鉴定，以判断其运转是否正常，有无异常与劣化征兆，或对异常情况进行追踪，预测其劣化趋势，确定其劣化及磨损程度等，这种活动就称为状态监测（Condition Monitoring）。

设备状态监测按其监测的对象和状态量划分，可分为两方面的监测。

① 机器设备的状态监测 指监测设备的运行状态，如监测设备的振动、声音、变形、位移、应力、裂纹、磨损、温度、油压、油质劣化、泄漏等情况。

② 生产过程的状态监测 指监测由几个因素构成的生产过程的状态，如监测产品质量、流量、成分、温度或工艺参数量等。

上述两方面的状态监测是相互关联的。例如生产过程发生异常，将会发现设备的异常或导致设备的故障；反之，往往由于设备运行状态发生异常，出现生产过程的异常。

设备状态监测和故障诊断系统能监测企业生产设备的运行状态，判断其是否正常，预测、诊断、消除故障，指导设备的管理和维修。

图 6-27 为电力企业的设备状态监测系统，由状态监测和故障诊断两部分组成。

状态监测是掌握设备运行状态的第一手信息，针对各种运行状态参数，结合其历史信息，考虑环境因素，采用专业的分析和判断方法，评估其是处于正常状态还是异常或故障状态，并进行显示和记录，对异常状态作出报警，为故障诊断提供信息。

故障诊断是根据状态监测获得的信息，结合结构参数、物性参数、环境参数，对设备的故障进行预报、判断和分析，确定其性质、类别、部位、程度、原因，指出发展的趋势

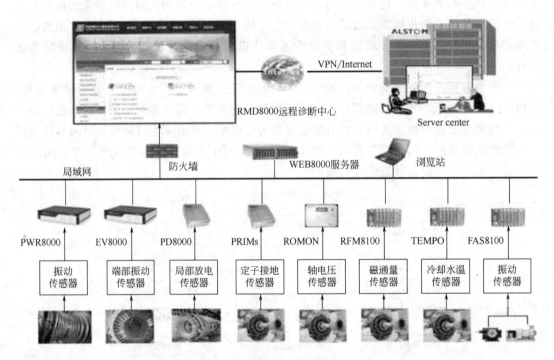

图 6-27　电力企业的设备状态监测系统

和后果，提出控制其继续发展和消除故障的对策措施，最终使设备恢复到正常状态。

　　目前在我国发电企业中，广泛应用着一种叫 SIS——电厂厂级监控信息系统，为全厂实时生产过程综合优化服务的生产过程实时管理和监控的信息系统，属厂级生产过程自动化范畴。它以分散控制系统 DCS 为基础，以安全经济运行和提高全厂整体效益为目的，是连接 DCS 和管理信息系统 MIS 的桥梁，从而在全厂范围内实现信息共享和管控一体化。图 6-28 表示了 SIS 系统在电厂自动化、信息化架构中的位置。

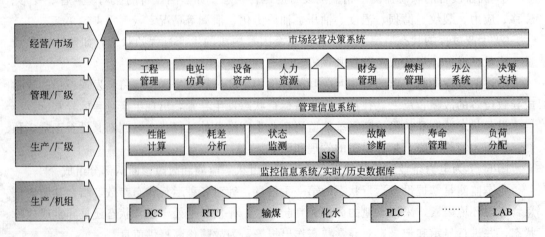

图 6-28　SIS 系统在自动化、信息化架构中的位置

该系统具有如下功能。

（1）生产过程信息监测和统计

生产过程信息监测和统计子系统通过图、趋势曲线、棒图、表格等形式，实时显示全厂各机组、车间、系统、设备的运行状态参数，为生产管理人员提供直观的实时生产过程信息，并对历史数据进行有效的统计整理，形成全厂各类生产统计报表。基于厂级 SIS 网络平台的生产过程信息监测功能，使得生产管理人员在任何配有 SIS 客户端的地方获取生产过程信息，便于及时发现问题，快速做出调整。基于数据压缩的统一的实时/历史数据库，便于生产管理人员将实时数据与历史数据统一考虑，提高决策质量。不同于 DCS 和车间级的监测，该功能集成全厂所有机组、车间、系统、设备的运行状态参数，给出的是完整的全厂信息总览。基于计算机办公自动化技术的自动统计功能和报表打印功能，大大降低了生产管理人员的劳动量。

（2）设备寿命监测和管理

设备寿命监测和管理子系统通过实时监测机组主要设备状态参数，像温度、压力、流量和负荷等，在机组启停过程和甩负荷等负荷激烈变化过程中，根据数学模型计算其机械应力和热应力，并根据交变应力转化为当前运行工况下的寿命损耗率，从而量化和评估锅炉、汽机等主要设备的寿命损耗，以达到维持机组运行可靠性，减少设备检修、更换费用，延长设备使用寿命，提高发电产出的目的。

（3）设备状态监测和故障诊断

设备状态监测和故障诊断子系统所基于的技术原理包括高逼真度的设备数学模型、基于模糊推理机制的专家系统、具有自学习功能的神经网络技术等，能监测电厂设备的运行状态，判断其是否正常，预测、诊断、消除故障，指导设备的管理和维修。

SIS 除具有上述设备状态监测与故障诊断功能外，还提供机组性能监测和优化、企业经济性分析和优化以及厂级优化负荷分配等功能。SIS 正在不断完善，并为我国发电企业高质、安全运行提供重要的技术保障。

面向机电设备运行状态的监测与故障诊断系统是机械、电子技术、计算机技术、现代测试技术和人工智能技术等多项先进技术交叉和综合而迅速发展起来的新技术，是现代化生产和先进制造技术发展的必然产物，是保证机电设备安全运行和实现科学维护的关键技术。

二、环境与火灾监测系统

1. 环境监测系统

环境监测是环境保护工作的重要组成部分，是环境管理的基础和技术支持，随着我国工业化和城市化的迅速发展，环境保护也相应大力发展起来，这样就迫切需要加快全国环境管理基础能力的建设，提高环境监测能力和环境监督执法现代化水平。

环境监测的范围可以涉及人类居住环境、工矿企业生产运行环境、作业环境、三废排放、危险源等，如图 6-29 所示。

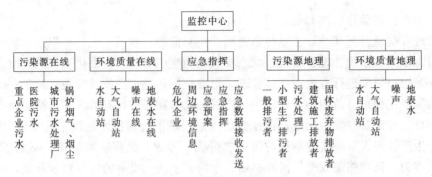

图 6-29　环境监控基本范围

在环境监测系统中，主要涉及参数的传感检测、信号的传输与处理、数据管理与显示及联动控制等与自动化技术直接相关的设备与知识，如图 6-30 所示。

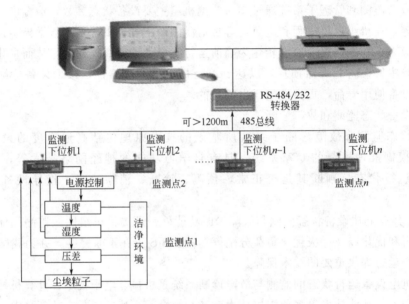

图 6-30　环境监测系统基本结构

现代世界是一个信息世界，信息的获取、传输可以通过有线的、无线的，甚至于通过卫星进行数据传输，构建起多层环境监测（图 6-31）及综合环境监测系统（图 6-32），以提升环境质量。

2. 火灾监测与消防联动

现代化的建筑规模大、标准高、人员密集、设备众多，对防火要求极为严格。为此，除对建筑物平面布置、建筑和装修材料的选用、机电设备的选型与配置有许多限制条件外，还需要设置现代化的消防设施。随着我国经济建设的发展，各种高层建筑、大中型商业建筑、厂房不断涌现，对自动消防报警系统提出了更高更严的要求。为了早期发现和通报火灾，防止和减少火灾危害，保护人身和财产安全，火灾自动报警系统与消防联动系统已成为必不可少的设施。

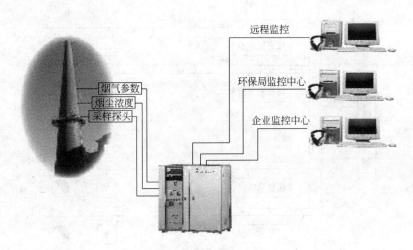

图 6-31　多层环境监测系统

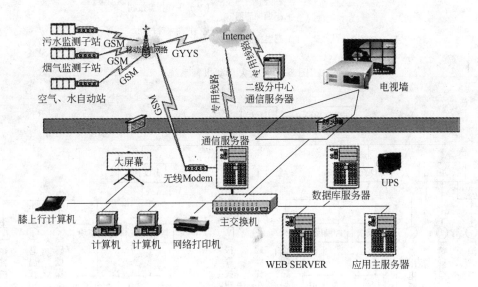

图 6-32　综合环境监测系统

（1）火灾自动报警系统

一般由探测器、信号线路和自动报警装置三部分组成，如图 6-33 所示。它能够在火灾初期，将燃烧产生的烟雾、热量和光辐射等物理量，通过感温、感烟和感光等火灾探测器变成电信号，传输到火灾报警控制器，并同时显示出火灾发生的部位，记录火灾发生的时间。

DCS 集散型火灾自动报警系统是将一个较大的控制系统按着一定的规律，分解为若干个相对独立的子系统，又称工作子站，每个子系统都采用一个计算机系统进行控制，由其完成本子系统内的现场检测、报警和控制任务。而在报警中心设有中央监控计算机，由其完成对各子系统之间的任务协调，并监视和指挥各子系统计算机的工作，因此又称工作主站，如图 6-34 所示。

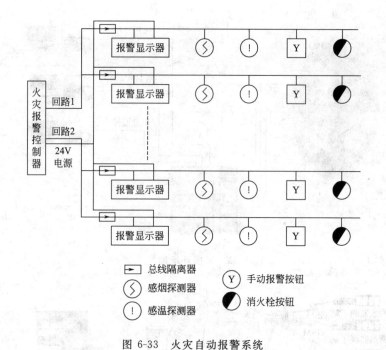

图 6-33　火灾自动报警系统

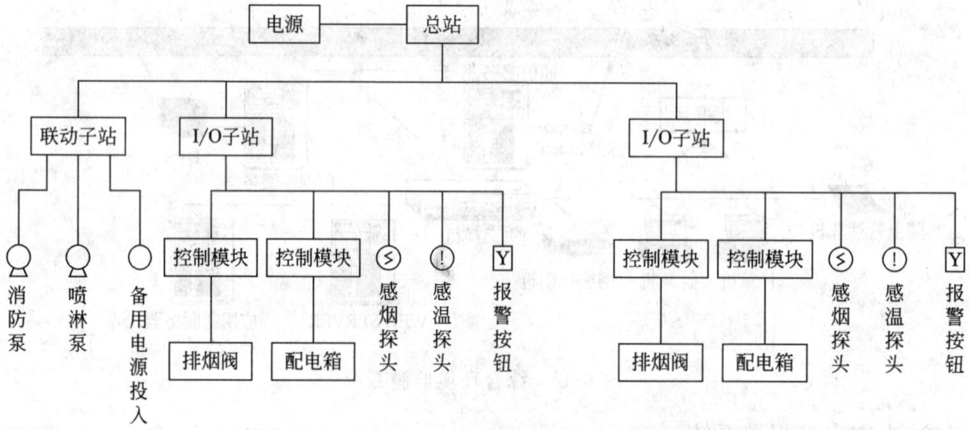

图 6-34　集散控制火灾报警系统框图

工作主站是由中央监控计算机构成的火灾自动报警控制器，是操作人员与控制系统之间的操作界面，操作人员通过它了解整个系统的工作状态，向各个子站下达控制命令。操作人员可以设置和调整时钟、日期，建立和修改联动关系表，进行报警点和联动点的登记、清除、屏蔽和释放，查询报警及故障记录或系统各点的工作状态，检查分析某一探测点模拟量曲线等。

工作子站是一个小型的报警控制器，一般分为 I/O 子站和联动子站两种类型。

I/O 子站通过两总线直接与探测器和联动控制模块相接，采集本子系统内各探测器的模拟信号并将其转化为数字信号，同时检查系统内的手动报警按钮，输入模块的报警状态等信号，并将这些数据传送给工作主站，I/O子站从总站接收控制命令，将其转化为操作数据后下达给执行任务的操作模块。

联动子站是用于控制重要消防联动设备的子系统，例如消防泵房、空调机房、变配电室等重要地点的火灾联动设备。联动子站与每台控制设备之间的控制线直接相连接。在联动子站的盘面上设有手动控制按钮，可对连接到子站上的联动设备进行直接启停控制，联动设备的运行状态可通过相应的指示灯进行显示和监控。

子站与主站之间连线通常为四条：两条电源线、两条信号线。通信方式通常采用RS-485总线进行串行通信。

集散控制系统中由于将控制检测任务按功能、按区域进行分解，各子系统相互独立，这大大提高了系统的可靠性和开放性。任何一子站的故障都不会引起整个系统的瘫痪，即使是总站发生临时故障，各子站仍可按原指令完成好本子系统内的工作。系统的开放性：一是体现在功能的可扩展性上，集散火灾自动报警系统是一个标准的网络系统，其工作主站对各子站的功能并没有特殊的限定，只要子站的数据结构方式、数据传递方式和通信协议方式与系统的通信标准相符合，即可联机入网，消防广播系统、消防电话通信系统、气体灭火系统等只要配以相应的标准通信接口和软件，即可联入总系统；另一方面是指系统容量的可扩展性，自控系统可方便地增加子站，进行容量扩展。

（2）消防联动

消防联动是一种自动消防设施，是现代消防不可缺少的安全技术设施之一。它的控制范围很广，根据实际工程的大小、等级高低的不同各异。联动控制设备有自动喷水灭火系统、室内消火栓系统、防排烟系统、通风系统、空调系统、防火门、防火卷帘、挡烟垂壁等，自动或手动发出指令，启动相应的防火灭火装置。

图6-35表达了火灾自动报警与消防联动的结构示意图，包括自动监测报警和消防联动的两个子系统成。

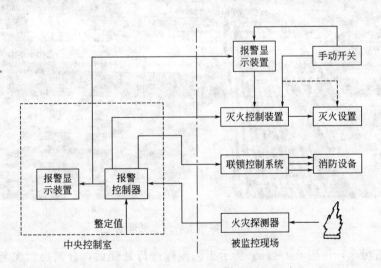

图 6-35　火灾自动报警与消防联动系统

系统的工作原理是：被监控场所的火灾信息（如烟雾、温度、火焰光、可燃气等）由探测器监测感受并转换成电信号形式送往报警控制器，由控制器判断、处理和运算，确认火灾后，则产生若干输出信号，发出火灾声光警报，一方面使所有消防联锁子系统动作，关闭建筑物空调系统，启动排烟系统，启动消防水加压泵系统，启动疏散指示系统和应急广播系统等，以利于人员疏散和灭火；另一方面使自动消防设备的灭火延时装置动作，经规定的延时后，启动自动灭火系统（如气体灭火系统等）。

三、城市基础设施管理

随着城市建设的发展、城市功能的不断完善，城市公共设施的科技含量越来越高，越来越多的高新技术设施在保证城市的正常运行。

在城市生活设备控制与管理中，涉及自来水质检测、提水设备控制、管网压力、负荷控制、管网监测、调度管理等，污水监测、处理过程控制、排放控制等；供气系统包括燃气质量监测控制、预处理控制、输送控制、气站、供气管网压力、负荷控制等；城市公共设备用电分配、传输控制；城市公共交通控制、车库管理、城市轨道交通控制、城市照明、灯饰控制等，自动化与控制均发挥着重要的作用。

1. 水处理自动化

城市污水处理是现代化城市建设的重要内容。遍布各居民生活小区、餐饮场所的生活污水，各制造业排放的工业污水、废水，经各自的管网集中到各自的污水处理中心，如图6-36所示。

图 6-36 城市生活污水处理池

对于生活污水，按图 6-37（a）所示工艺流程进行处理后，分离出污泥与清水，再分类处置。对于工业污水，则将按图 6-37（b）所示处理流程进行。

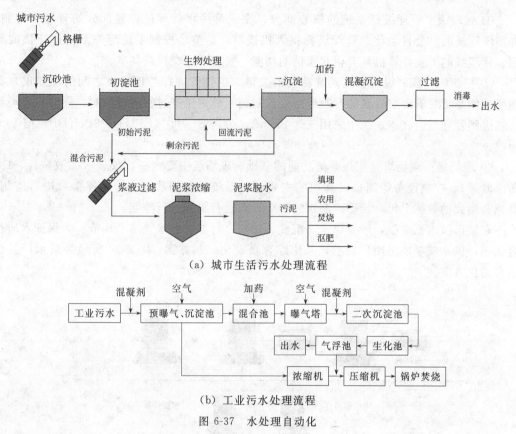

（a）城市生活污水处理流程

（b）工业污水处理流程

图 6-37　水处理自动化

图 6-38 所示为某污水处理厂所采用的全集成自动控制方案。图示污水处理集成控制系统分为管理级、控制级、现场级。

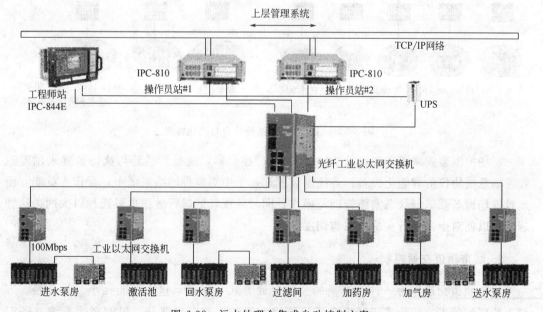

图 6-38　污水处理全集成自动控制方案

① **管理级**　管理级是系统的核心部分，完成对污水处理过程各部分的管理和控制，并实现厂级的办公自动化。管理级提供人机接口，是整个控制系统与外部信息交换的界面。管理级的工业计算机具有相互通信的功能，实现数据交换或共享。

② **控制级**　控制级是实现系统功能的关键，也是管理级与现场级之间的枢纽层。其主要功能是接受管理层设置的参数或命令，对污水处理生产过程进行控制，同时将现场状态输送到管理层。在本系统中采用三套 Siemens 公司 S7-300（CPU315-2PN/DP）型 PLC 组成。

③ **现场级**　现场级是实现系统功能的基础。现场级主要由一次仪表（如液位计、DO 传感器等）、控制设备等组成。其功能主要是对系统设备的状态、传感器参数进行监测，并把监测到的数据上传，接受控制级的指令，对执行机构进行控制。

在城市供水系统中，涉及取水、沉淀、加药、过滤、送水等多个环节。为保证水质符合饮用，供水质量满足用户要求，采用综合自动化控制方案。图 6-39 所示为某水厂的综合自动化方案。

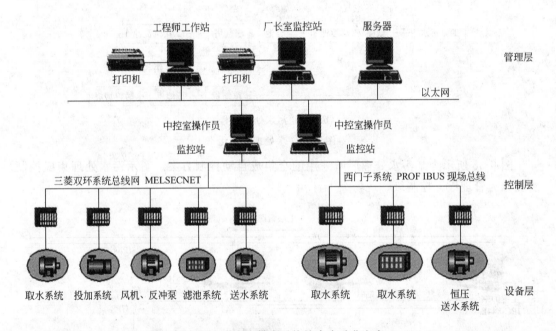

图 6-39　自来水供水系统综合自动化方案

现场控制装置采用带现场总线协议的 PLC 控制器，现场传感器与执行装置采用能兼容现场总线协议的智能化设备；各控制装置连接于中央监控网络系统中，操作人员能方便地对现场设备及运行状态实施管理与操作；同时各现场的运行数据也可通过以太网送达管理层，以便对生产运行实施组织与调度。

2. 城市轨道交通控制

城市轨道交通作为一种大容量的公共交通方式，以其运量大、能耗小、污染轻、方便、快捷的特点，成为实现城市交通可持续发展的重要组成部分。智能交通系统（ITS）

是国际公认的全面解决交通运输领域问题的根本途径，其含义是综合运用先进的信息通信、网络、自动控制、交通工程等技术，改善交通运输的运行情况，提高运输效率和安全性，减少交通事故，降低环境污染，从而建立一个智能化的、安全、便捷、高速、舒适、环保的综合运输体系。因此，在轨道交通领域中引入先进的智能交通系统技术，使其整体朝着综合化、智能化的方向发展，以全面促进运营效率的提高，成为当今城市轨道交通一个重要的发展方向。

图 6-40 所示为城市轨道交通智能化控制网络结构体系。此结构体系利用网络在信息交换平台、企业综合业务管理、管理信息系统、网络基础服务集成等领域的技术，将 ITS 理念与轨道的建设、运营及资源开发结合，从交通管理监控、出行者信息管理、电子付费收费、车辆运营、紧急救援、交通控制与安全等方面，多角度、全方位地提供面向城市轨道交通的综合性的解决方案。

图 6-40　城市轨道交通综合控制管理系统

图 6-41 是其对应的轨道交通控制管理系统中的电力监控系统。

四、智能化楼宇及其他

1. 智能化楼宇

经济发展，社会进步，人类对居住环境、生活服务条件提出了更高的要求。智能建筑，特别是智能楼宇应运而生，成为控制与自动化技术应用的新天地。

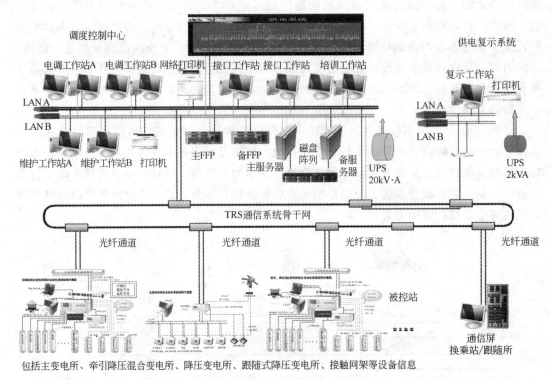

图 6-41 城市轨道交通电力监控系统

一般认为智能楼宇包含三大基本要素：楼宇自动化（简称 BA）系统、通信自动化（简称 CA）系统、办公自动化（简称 OA）系统。三者有机地结合在一起，成为智能楼宇"3A"结构。有时为了强调消防与保安的重要性和独特性，将消防自动化（简称 FA）系统、保安自动化（简称 SA）系统从楼宇自动化中单列出来，得到"5A"结构。

在智能楼宇中，综合布线系统（PDS）是连接所有自动化子系统的物质基础，能连接语音、图像、数据和各种用于楼宇控制和管理的装置。

智能楼宇系统主要包括大楼设备监控子系统、消防子系统、公共安全子系统。具体功能是实现对大楼供电、照明、报警、消防、电梯、空调等子设备的监控和管理，对设备运行参数进行实时控制与监视，对动力设备进行节能控制，对设备非正常运行状态报警，从而实现对设备的管理与控制，保障设备运行安全与可靠。

图 6-42 所示为智能楼宇系统构成图。从控制角度，早期从计算机集中监控（DDC）方式，到分布式控制系统（DCS），至今现场总线控制系统（FCS）逐步成为了智能楼宇的主流方式，世界各知名自动化设备制造商推出了各自的智能化楼宇系统、智能化设备及相应的现场总线协调。同时，无线通讯方式也得到了用户的认同。图 6-43 所示为某商业写字楼智能化管理系统构建示意图。

2. 自动化的其他应用

除上述举例外，自动化与控制技术在所有行业均得到广泛的应用。

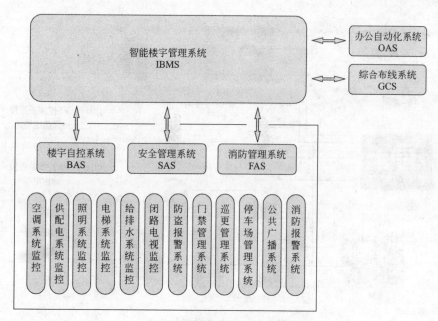

图 6-42 智能楼宇管理系统构成图

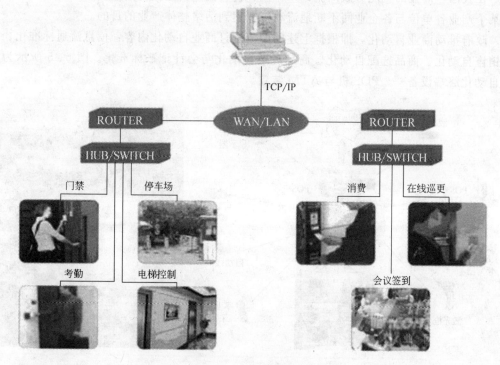

图 6-43 某商住楼智能楼宇管理系统

在农业生产方面，如图 6-44 所示农业自动灌溉系统。

在商业领域，商业自动化是指广泛采用现代化手段和方法，实现经营设施的机械化、自动化，经营管理的科学化、合理化。

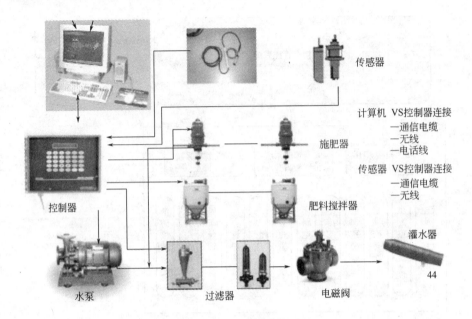

图 6-44 农业自动灌溉系统

在我国，商业的机能分成四流：工作流、物料流、资金流与信息流，这四个重要流程在某个产业各单位与各企业间不断地流动，以达到活络整体产业的目的。

政府推动商业自动化，即根据上述的四流制订商业自动化内容：信息流通标准化、商品销售自动化、商品选配自动化、商品流通自动化与会计记账标准化。图 6-45 所示为商业自动化终端设备——POS 机与 ATM 装置。

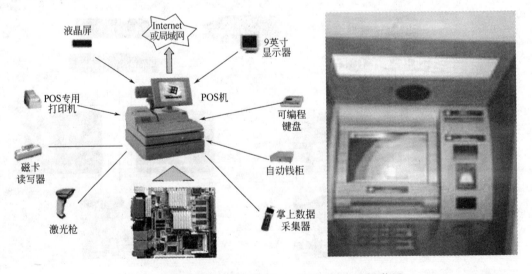

图 6-45 商品销售自动化设备——POS 机与 ATM 装置

与商业自动化紧密相关的是目前正处于发展初期的物联网建设。物联网（The Internet of things）的定义是：通过射频识别（RFID）、红外感应器、全球定位系统、激光扫描器等信息传感设备，按约定的协议，把任何物品与互联网连接起来，进行信息交换和通信，以实现智能化识别、定位、跟踪、监控和管理的一种网络，如图 6-46 所示。

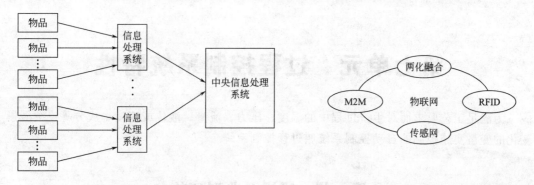

图 6-46　物联网示意　　　　　　　图 6-47　物联网的四大支撑技术

图 6-47 表示了物联网技术的四大支撑技术：RFID 技术（射频识别技术）、传感网技术（借助于各种传感器，探测和集成包括温度、湿度、压力、速度等物质现象的网络）、M2M（侧重于末端设备的互连和集控管理）、工业信息化。工业信息化也是物联网产业主要推动力之一，自动化和控制行业是主力。

特别是作为物联网行业的主力，射频识别技术具有广泛的应用。如下表：

典型应用领域	具体应用
车辆自动识别管理	铁路车号自动识别是射频识别技术最普遍的应用
高速公路收费及智能交通系统	高速公路自动收费系统是射频识别技术最成功的应用之一，它充分体现了非接触识别的优势。在车辆高速通过收费站的同时完成缴费，解决了交通的瓶颈问题，提高了车行速度，避免拥堵，提高了收费结算效率
货物的跟踪、管理及监控	射频识别技术为货物的跟踪、管理及监控提供了快捷、准确、自动化的手段。以射频识别技术为核心的集装箱自动识别，成为全球范围最大的货物跟踪管理应用
仓储、配送等物流环节	射频识别技术目前在仓储、配送等物流环节已有许多成功的应用。随着射频识别技术在开放的物流环节统一标准的研究开发，物流业将成为射频识别技术最大的受益行业
电子钱包、电子票证	射频识别卡是射频识别技术的一个主要应用。射频识别卡的功能相当于电子钱包，实现非现金结算。目前主要的应用在交通方面
生产线产品加工过程自动控制	主要应用在大型工厂的自动化流水作业线上，实现自动控制、监视，提高生产效率，节约成本
动物跟踪和管理	射频识别技术可用于动物跟踪。在大型养殖场，可通过采用射频识别技术建立饲养档案、预防接种档案等，达到高效、自动化管理牲畜的目的，同时为食品安全提供了保障。射频识别技术还可用于信鸽比赛、赛马识别等，以准确测定到达时间

自动化与控制在国防、航天航空领域，一直扮演着关键角色。这类控制系统可统称为飞行器控制。飞行器控制主要包括飞行控制系统、测试与发射控制系统两大类，涉及导航控制系统、制导控制系统、姿态控制系统、电子综合控制系统、飞行测试系统、发射控制系统、监视控制系统等。许多先进的、新型的控制理论与技术正是为了适应飞行器工程的高要求而发展起来的。

自动化在其他更多方面的应用，可参阅相关资料。

第七单元　过程控制系统特性

为满足工艺要求而对生产过程中的温度、压力、流量、液位或速度、成分等连续缓慢变化的变量实施控制的自动控制系统叫过程控制系统。

第一节　通道及典型环节

一、通道与环节特性

1. 控制通道与干扰通道

对于被控对象来说，工作状态的变化是受到了外界的输入作用。从控制系统的构建中可知，对象受到两种作用：一是干扰作用，一是克服干扰影响的控制作用。如图 7-1 所示，被控对象或系统的运行状态就是这两种输入共同作用的结果。

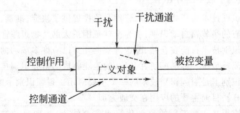

图 7-1　控制通道与干扰通道

环节的输入对环节的输出产生影响的内部作用过程称为通道。对于被控对象而言，控制作用对对象施加作用进而影响被控变量变化的内部作用过程，称为控制通道。扰动作用对被控变量产生影响的内部作用过程称为干扰通道。

自动控制的目的就是要通过控制作用去克服干扰的影响，维护对象或系统的良好运行，这就要求控制通道的作用应强于干扰通道的作用。

2. 环节（通道）特性

（1）环节特性

环节特性是环节的输出量与输入量之间的关系，表示一个环节受到输入量的作用后，将产生怎样的输出量。如图 7-2 所示，电加热炉在输入电源电压后，其对应的炉内温度怎样。其通用表示如图 7-3 所示。

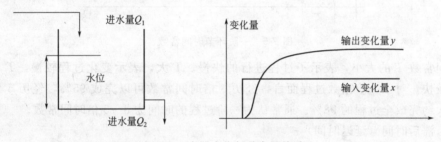

图 7-2　电加热炉 　　　　　　　图 7-3　环节表示

（2）环节静、动特性

静态特性　环节处于平衡状态下，输出量与输入量间的对应关系。

动态特性　当环节受输入量变化影响，处于不平衡状态时，对应的输出量的变化与输入变化间的关系。或者说，环节受输入量变化作用后，输出量随时间的变化情况。

因为干扰总是存在的，对于一个环节而言，平衡状态只是相对的。因此动态特性是更为主要的。

（3）描述方式

曲线描述　用曲线表示输出量受输入量作用后随时间的变化情况。图 7-4 所示是一个容器在进水量变化后水位的变化情况。

图 7-4　容器水位与进水量关系

数学表达式　用数学式来描述输入变化引起环节输出变量随时间变化的动态关系——动态特性。

对图 7-4 所示环节，水位 H 在进水量阶跃变化 A 后，输出的变化关系可表示为一阶指数函数：

$$y(t) = (1 - e^{\frac{t}{T}})A$$

式中，A 为输入阶跃量；T 为变化过程的时间常数。

（4）环节特性的决定因素

对于任一环节而言，其特性取决于环节本身，由其自身结构参数决定，与外界无关。

3. 环节特性主要参数

在描述环节特性时，存在着多种特征参数，其中放大系数、时间常数、滞后时间为主要特征参数。

（1）放大系数 K

环节受输入变化影响后输出变化的最终大小关系。如图 7-4 所示，当进水量变化 A 后，水位最终变化多少后保持稳定。放大系数可表示为：

$$K = \frac{y(\infty) - y(0)}{A}$$

放大系数 K 表示了输出受输入变化影响的大小。K 越大，表示环节受输入变化影响越大，环节对输入变化越敏感。反之，则表示环节对输入的敏感性低，不容易受输入变化的影响。

（2）时间常数 T

环节受输入变化影响后输出变化的快慢关系。如图7-4所示，进水量变化 A 后，要多少时间才能达到输出平衡，水位才能保持稳定。理论上讲，要达到稳定需要经历很长时间。实际应用中，时间常数 T 定义为完成过程63.2%所用的时间。或者说，过程以初始速度变化到最终稳定值所用时间，如图7-5所示。

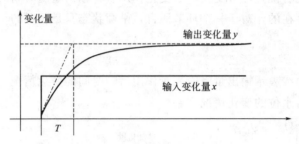

图 7-5　一阶环节时间常数

时间常数 T 的大小，表示了过程进行的快慢。T 大，表示变化过程较慢，T 小，表示变化较快。对于一阶指数过程而言，经历3倍时间常数可以完成95%，经历5倍时间常数，大约完成全过程的98%。通常认为一阶过程的时间为3~5倍时间常数。

（3）滞后时间（延迟时间）τ

某些环节可能表现出在时间上的延迟，如传送带输送物料，物料送达传送带后，要经过传送带的运送，经过一段时间后才能到达指定位置，传送带的运送时间就决定了滞后时间。再如，当一个容器进料阀距离容器较远时，阀门的开大与关小引起的物料量变化不能马上作用于容器，而是要经过物料在管道中的流动时间延迟后才能作用于容器。

另如设备较复杂，比如大型加热炉，燃料改变后，炉子温度并不能立即有所变化，要经历一段时间后炉温才开始变化，从而也产生滞后时间。产生原因在于设备的结构复杂，容量太大，变化不明显，在变化很小的时间段内可视为无变化，如图7-6所示。

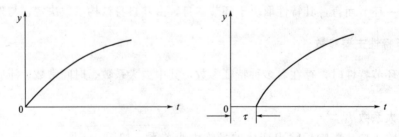

图 7-6　延时环节的输入与输出

信号通过延时环节，不改变其性质，仅仅在发生时间上延迟了时间 τ。

在热工过程、化工过程和能源动力设备中，工质、燃料、物料从传输管道进口到出口之间，就可以用延时环节表示。

二、典型环节

自动控制系统是由不同功能的元件构成的。从物理结构上看，控制系统的类型很多，相互之间差别很大，但都是由为数不多的某些环节组成的。这些环节称为典型环节或基本环节。

1. 比例环节

比例环节是最常见、最简单的一种环节。

比例环节的输出变量 $y(t)$ 与输入变量 $x(t)$ 之间满足下列关系，阶跃作用输出如图 7-7 所示：

$$y(t) = Kx(t)$$

式中，K 为放大系数或增益。

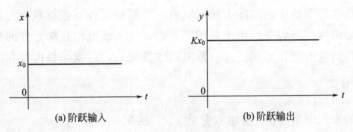

图 7-7　比例环节

杠杆、齿轮变速器、电子放大器等在一定条件下都可以看做比例环节。

如图 7-8 所示放大器，将输入电压放大 K 倍后输出。输出与输入形态特征完全相同。

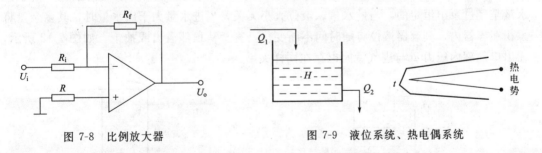

图 7-8　比例放大器　　　　图 7-9　液位系统、热电偶系统

2. 一阶惯性环节

惯性环节是具有代表性的一类环节，许多实际的被控对象或控制元件，都可以表示成或近似表示成惯性环节，如液位系统、热力系统、热电偶等，如图 7-9 所示，它们都具有类似的特性，都属惯性环节。

一阶惯性环节在受输入阶跃作用下，其对应的输出变化如图 7-10 所示。

一阶惯性环节的输入变量 $x(t)$ 与输出变量 $y(t)$ 之间的关系可用下面的一阶指数函数来描述。其阶跃作用下的输出量

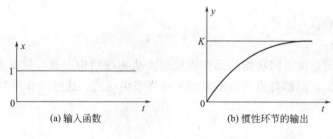

(a) 输入函数　　　　　　　(b) 惯性环节的输出

图 7-10　一阶惯性环节

$$y(t) = K(1 - e^{\frac{t}{T}})A$$

式中，T 为惯性环节的时间常数；K 为惯性环节的放大系数。

从图 7-10 中可以看出，惯性环节的输出一开始并不与输入同步按比例变化，直到过渡过程结束，$y(t)$ 才能与 $x(t)$ 保持比例，这就是惯性的反映。惯性环节的时间常数就是惯性大小的量度。

凡是具有惯性环节特性的实际系统都具有一个存储元件，或称容量元件，进行物质或能量的存储，如电容、热容等。由于系统的阻力，流入或流出存储元件的物质或能量不可能为无穷大，存储量的变化必须经过一段时间才能完成，这就是惯性存在的原因。

3. 积分环节

积分环节的输出变量 $y(t)$ 是输入变量 $x(t)$ 的积分，即

$$y = K \int x \mathrm{d}t$$

式中，K 为放大系数。

积分环节的输出量是对输入量的不断累积的结果，如图 7-11 所示液位系统。由于出水量是经过泵出恒定的，与进水量、液位大小无关，当进水量大于出水量时，其多余量将累积在容器内，其容器液位将随时间不断变化，直至从顶部溢出或抽干。如图 7-12 所示，无出口贮罐内压力 p 与进气量间也存在同样关系。

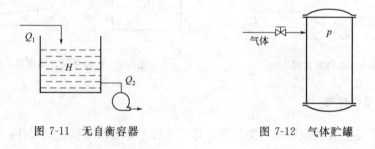

图 7-11　无自衡容器　　　　　　　　图 7-12　气体贮罐

4. 振荡环节

振荡环节的输出变量 $y(t)$ 与输入变量 $x(t)$ 的关系由下列二阶微分方程描述：

$$\frac{\mathrm{d}^2 y}{\mathrm{d}t^2} + 2\zeta\omega_\mathrm{n}\frac{\mathrm{d}y}{\mathrm{d}t} + \omega_\mathrm{n}^2 y = \omega_\mathrm{n}^2 x$$

式中，ω_n 为振荡环节的无阻尼自然振荡频率，ζ 为阻尼系数或阻尼比。上式是振荡环节的标准形式，许多用二阶微分方程描述的系统都可以化为这种标准形式。

振荡环节在阻尼比 ζ 的值处于 $0<\zeta<1$ 区间时，对单位阶跃输入函数的输出曲线如图 7-13 所示。这是一条振幅衰减的振荡过程曲线。

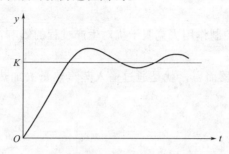

图 7-13　振荡环节的单位阶跃响应

振荡环节和惯性环节一样，是一种具有代表性的环节。很多被控对象或控制装置都具有或可近似用这种环节所表示的特性，如直流电机转速与输入电压间的关系、机械运动系统转速或位移与输入作用力（矩）间的关系等。

实际控制系统的大多数环节都可以分拆为这些典型环节表示，也就说对象或系统是由这些典型环节按一定的方法组合而成的。

第二节　过程控制系统过渡过程

一、过程控制系统基本要求

① 稳定性　所谓稳定，就是系统受到干扰作用时，经过一段时间后，过渡过程就会结束，最终恢复到稳定工作状态。稳定是系统能否正常工作的首要条件，不稳定的系统不能实现预定任务。稳定性，通常由系统的结构决定，与外界因素无关。

② 快速性　系统的输出对输入作用的响应快慢程度。过渡过程时间要尽可能地短。对过渡过程的形式和快慢提出要求，一般称为动态性能。

③ 准确性　系统稳定时被控变量与给定值的差别程度，用稳态误差来表示。如果在参考输入信号作用下，当系统达到稳态后，其稳态输出与参考输入所要求的期望输出之差叫做给定稳态误差。显然，这种误差越小，表示系统的输出跟随参考输入的精度越高。

由于被控对象具体情况的不同，各种系统对上述三方面性能要求的侧重点也有所不同。例如随动系统对快速性和稳态精度的要求较高，而恒值系统一般侧重于稳定性能和抗扰动的能力。在同一个系统中，上述三方面的性能要求通常是相互制约的。例如为了提高系统的快速性和稳态精度，就需要增大系统的放大能力，而放大能力的增强，必然促使系统动态性能变差，甚至会使系统变为不稳定。反之，若强调系统动态过程平稳性的要求，系统的放大倍数就应较小，从而导致系统稳态精度的降低和动态过程的缓慢。由此可见，系统动态响应的快速性、高精度与动态稳定性之间是一对矛盾。

二、过程控制系统过渡过程

控制系统的作用是用控制作用去克服干扰对生产过程的影响，维持生产过程的状态良好与运行稳定。

对于图 7-14 蒸汽换热器而言，就是通过输入蒸汽热量去加热冷物料，使冷物料的温度达到工艺要求的指标。

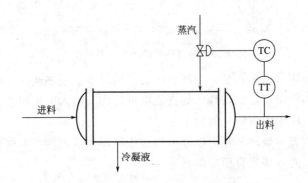

图 7-14　蒸汽换热器温度控制

衡量换热器生产运行状态的参数是被控变量——被加热后的热物料出口温度。当热物料出口温度处于稳定不变状态时，也就是系统处于静态；若热物料出口温度不稳定，处于变化状态下，就叫系统处于动态。处于静态的前提是进出物料能量平衡，也叫系统平衡。

静态　被控变量不随时间而变化的平衡状态称静态或稳态。

动态　被控变量随时间而变化的不平衡状态称动态或暂态。

由于在生产过程中总是会受到来自系统内、外的干扰影响，破坏了系统的平衡，系统总是处于不同的动态之中。因此控制作用力求克服干扰的影响，从动态之中恢复系统在新的平衡状态上。

过程控制系统的过渡过程：在给定值发生变化或系统受到干扰作用后，系统将从原来的平衡状态经历一个过程进入另一个新的平衡状态。这也是系统控制作用克服干扰影响的过程。或者说，过渡过程是指被控变量从原来稳定值变化到新稳定值的过程。

三、过渡过程的基本形式

过渡过程中被控变量的变化情况与干扰的形式有关。在阶跃扰动作用下，其过渡过程曲线有以下几种形式，如图 7-15 所示。图中 $y(t)$ 表示被控变量。

① 非振荡发散过程　它表明当系统受到扰动作用后，被控变量在设定值的某一侧作非振荡变化，且偏离设定值越来越远，以至超越工艺允许范围。

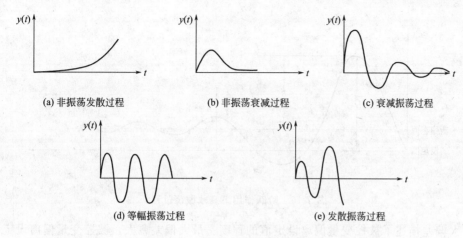

图 7-15　过渡过程的几种基本形式

② 非振荡衰减过程　它表明当系统受到扰动作用后，被控变量在给定值的某一侧作缓慢变化，没有上下波动，经过一段时间最终能稳定下来。

③ 衰减振荡过程　它表明当系统受到扰动作用后，被控变量上下波动，且波动幅度逐渐减小，经过一段时间最终能稳定下来。

④ 等幅振荡过程　它表明当系统受到扰动作用后，被控变量作上下振幅恒定的振荡，即被控变量在设定值的某一范围内来回波动，而不能稳定下来。

⑤ 发散振荡过程　它表明当系统受到扰动作用后，被控变量上下波动，且波动幅度逐渐增大，即被控变量偏离设定值越来越远，以至超越工艺允许范围。

在上述五种过渡过程形式中，非振荡衰减过程和衰减振荡过程是稳定过程，能基本满足控制要求。但由于非振荡衰减过程中被控变量达到新的稳态值的进程过于缓慢，致使被控变量长时间偏离给定值，所以一般不采用。只有当生产工艺不允许被控变量振荡时才考虑采用这种形式的过渡过程。所以，对于一般控制系统而言，希望过渡过程具有衰减振荡过程。

第三节　过程控制系统评价质量指标

一、过渡过程质量评价指标

反映衰减振荡过程的品质指标主要有最大偏差（超调量）、衰减比、余差、过渡时间、振荡周期（或频率）等。通过图 7-16 在阶跃干扰作用下的衰减振荡过程说明各指标的含义。

（1）最大偏差

是指过渡过程中被控变量偏离设定值的最大数值，如图 7-16 中 A 表示最大偏差。

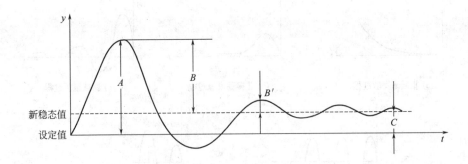

图 7-16 阶跃作用下衰减振荡过程

最大偏差描述了被控变量偏离设定值的程度。最大偏差愈大，被控变量偏离设定值就越远，这对于工艺条件要求较高的生产过程是十分不利的。

对于有差控制系统，习惯上用超调量 σ 表示：过渡过程曲线超出新稳态值 C（百分数）的最大值，即

$$\sigma = \frac{A - y(\infty)}{y(\infty)} \times 100\% = \frac{B}{C} \times 100\% \qquad (4\text{-}1)$$

（2）衰减比

是指过渡过程曲线上同方向第一个波的峰值与第二个波的峰值之比，即衰减比 $n = B : B'$。

对于衰减振荡而言，n 总是大于 1 的。若 n 接近 1，被控系统的过渡过程曲线接近于等幅振荡过程；若 n 小于 1，则为发散振荡过程；n 越大，系统越稳定，当 n 趋于无穷大时，系统接近非振荡衰减过程。

根据实际操作经验．通常取 $n = 4 \sim 10$ 为宜。

（3）余差

是指过渡过程终了时，被控变量所达到的新的稳态值与设定值 x 之间的差值。或者说余差就是过渡过程终了时存在的残余偏差，如图 7-16 中的 C：

$$C = y(\infty) - x$$

余差是一个重要的静态指标，它反映了控制的精准程度，一般希望它为 0 或在一预定的允许范围内。如果余差为零，称为无差调节，若余差不为零，称为有差调节。

（4）过渡时间 t_s

是指控制系统受到扰动作用后，被控变量从原稳定状态回复到新的平衡状态所经历的最短时间。

从理论上讲，对于具有一定衰减比的衰减振荡过程，要达到新的的平衡状态需要无限长的时间，所以在实际应用时，规定为只要被控变量进入新的稳态值的 $\pm 5\%$（或 $\pm 2\%$）的范围内且不再越出时为止所经历的时间。

过渡时间短，说明系统恢复稳定快，即使干扰频繁出现，系统也能适应；反之，过渡时间长，说明系统稳定慢，在几个同向扰动作用下，被控变量就会大大偏离设定值而不能

满足工艺生产的要求。一般希望过渡时间越短越好。

（5）振荡周期 T（或频率 f）

振荡周期是指过渡过程同向两波峰（或波谷）之间的间隔时间，其倒数为振荡频率。

在衰减比相同的条件下，周期与过渡时间成正比，一般希望振荡周期短些好。

【例】 某石油裂解炉工艺要求的操作温度为（890±10）℃，为了保证设备的安全，在过程控制中，辐射管出口温度偏离设定值最高不得超过 20℃。温度控制系统在单位阶跃干扰作用下的过渡过程曲线如图 7-17 所示，试分别求出最大偏差、余差、衰减比、振荡周期和过渡时间等过渡过程质量指标。

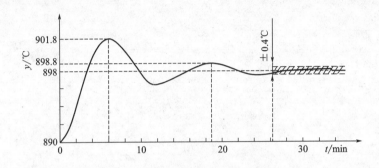

图 7-17 裂解炉温度控制系统过渡过程曲线

解 按过渡过程质量指标定义，通过曲线求解。

① 最大偏差 $A=901.8-890=11.8℃$。

② 余差 $C=898-890=8℃$。

③ 第一个波峰值：$B=901.8-898=3.8℃$，第二个波峰值：$B'=898.8-898=0.8℃$，衰减比 $n=3.8:0.8=4.75:1$。

④ 振荡周期 $T=19-6=13min$。

⑤ 过渡时间 过渡时间与规定的被控变量限制范围大小有关。假定被控变量进入额定值的 ±5%，就可以认为过渡过程已经结束，那么限制范围为 $(898-890)×(±5\%)=±0.4℃$，这时，可在新稳态值（898℃）两侧以宽度为 ±0.4℃ 画一区域。图 7-17 中以画有阴影线的区域表示，只要被控变量进入这一区域且不再越出，过渡过程就可以认为已经结束。因此，从图上可以看出，过渡时间大约为 $t_s=27min$。

二、影响过渡过程品质的主要因素

一个过程控制系统包括两大部分，即工艺过程部分（被控对象）和自动化装置。前者是指与该过程控制系统有关的部分，后者指的是为实现自动控制所必需的自动化仪表设备，通常包括测量与变送、控制器和执行器等三部分。

对于一个过程控制系统，构成系统的每一个环节都将影响过渡过程品质的好坏，其中对象的性质对过渡过程的影响程度严重。

下面通过蒸汽换热器温度控制系统来说明影响对象性质的主要因素。如图 7-14 所示，从结构上分析可知，影响过程控制系统过渡过程品质的主要因素有换热器的负荷的波动；换热器设备结构、尺寸和材料；换热器内的换热情况、散热情况及结垢程度等。对于已有的生产装置，对象特性一般是基本确定的。

自动化装置应按对象性质加以选择和调整。自动化装置的选择和调整不当，也直接影响控制质量。此外，在控制系统运行过程中，自动化装置的性能一旦发生变化，如阀门失灵、测量失真，也要影响控制质量。

附录 自动化高技能应用型人才培养的课程体系参考

一、自动化高技能应用型职业工作任务与能力需求

1. 通用职业岗位与活动形式

工业自动化技术职业与别的制造类职业不同，不需对工作对象进行加工制造，而是以自动化设备、装置、系统为操作对象或工具，为生产过程安全、保质、高效运行服务。

传统认为离散生产领域主要涉及继电逻辑控制、PLC 控制、变频调速控制、步进与伺服控制等，控制策略主要是逻辑控制关系；流程生产领域主要涉及自动化仪表（包括智能化仪表）、DCS 系统应用。当今自动化技术的高速发展，自动化设备功能不断扩展，应用领域进一步广泛，上述自动化设备与技术已成为工业自动化的通用设备与通用技术。

技术与设备的通用、传统应用领域的突破，"以工厂自动化应用技术为主体，面向离散控制、流程控制，围绕'系统'、'信号'与'控制'技术核心，强弱电并重、软硬件兼顾、环节与系统结合，技术知识与实际能力相结合"的专业能力成为自动化高技能应用型职业岗位的能力。具体见附表 1。

附表 1

职业领域	职业种类	职业岗位与职业活动形式
流程生产领域	过程控制设备及系统或电气自动化设备及控制系统的安装、调试、运行操作、维护与维修、营销及技术服务	过程自动化设备及系统的安装、调试、运行管理、维护与维修、技术支持
离散生产领域		通用自动化设备及装置装调、维修与技术支持
自动化设备公司		电气控制线路及系统的安装、调试、运行与管理、维护与维修、技术支持
自动化工程公司		自动化设备及装置的销售与售后服务、技术支持

2. 工作任务

工业自动化高技能应用型职业岗位主体上涉及下述四个工作任务。

（1）使用功能单元

各类自动化设备与装置的功能特性、操作方法、参数设置（编程或组态）、调试、维护与检修。也就是正确使用与维护自动化设备及装置。

（2）实施系统构建

按生产控制要求，选择适合的功能单元按一定的规则组合，构建能完成生产状态检查、控制、联锁保护等任务的控制线路及系统。或者说是实施系统控制方案的工程构建。

（3）建立信号关系

各组合单元按一定规则进行信号联络。通过信号联络传递参数、传递指令与动作规范，以实现系统各单元、环节间的协调工作。即实施信号传递、转（变）换与关系调整。

（4）控制策略调试

对自动化设备、装置及系统实施投运与调试，对自动化设备、装置、系统进行参数设置、策略设置，以达到预定的控制质量要求。简单地说是实施运行调试、参数设置及优化系统控制策略。

3. 岗位能力需求

工业自动化技术应用型职业岗位属于运用传感检测技术、控制技术，应用自动化设备与装置（自动化仪表、PLC控制器、变频器、DCS控制装置及其他控制装置等），对工矿生产设备、生产过程及其他机械电子装置实施运行监测、控制、管理。

主要工作包括：在工业自动化领域中涉及参数检测、离散控制、流程控制及相关方向，从事自动化设备及系统的安装；自动化设备及系统的调试、运行管理；自动化设备及系统的维护与检修；相关技术支持。

基本要求：具有自动化思想，掌握自动化技术的一线应用型技能，运用掌握的自动化技术及职业技能，具体实施自动化设备及系统的安装、调试运行、操作管理、维护及检修工作，确保自动化设备与系统正常工作、企业高效运行。

职业活动能力需求见附表2。

附表 2

职业活动形式	工作任务	职业能力需求
安装	1. 安装现场传感、检测仪表及附属管线装置； 2. 安装现场执行装置、驱动装置及附属机构； 3. 安装信号管线及关联装置； 4. 安装控制屏（台、柜）内常用低压电器及装置、供配电及保护线路； 5. 安装过程系统控制装置、信号及控制回路、系统关联设备，构建过程控制系统； 6. 安装联锁保护控制装置、传感及动作装置、动作回路，构建联锁保护系统； 7. 安装典型生产机构控制装置、指令回路及控制回路，构建逻辑及运动控制系统； 8. 安装自动化生产线控制装置、信号及控制回路，构建生产线控制系统； 9. 安装计算机及智能控制装置网络结构，构建网络控制系统	工程施工规程、规范及标准； 电气、自动化设备安装规程； 机械零件图与装配图识读； 电气原理图及施工图识读； 电磁隔离、屏蔽知识及技能； 机械知识与装配技能； 管钳知识与管钳技能； 防腐保温伴热知识及操作技能； 电气安全技术及防护技能； 导线与绝缘材料种类、特性知识及选择、加工技能； 电工技术及操作技能； 计算机及网络知识与操作技能； 供配电知识与操作技能； 信号传输知识与管线安装技能； 电气、自动化设备安装技能

职业活动形式	工 作 任 务	职业能力需求
自动化设备及系统校验、信号试验、参数调试、系统整定	1. 对各种用途传感器、检测仪表、执行与驱动装置、控制仪表及装置实施校验及参数设置； 2. 对电气及控制系统内电气元件、电气线路、信号管线实施安全防护试验； 3. 对现场检测、显示与报警、过程操作及控制、运动控制相关显示与控制装置实施参数、控制模式设置及调整，对信号回路实施信号与关系试验、调整，对系统过程实施参数整定； 4. 对生产机械电气控制、自动化生产线及相关逻辑线路控制装置实施参数设置，对指令回路、动作回路实施信号试验、动作试验，对控制系统实施参数设置与关系整定； 5. 对施工后联锁保护检测元件及装置、联锁动作执行元件、联锁线路及装置实施信号试验、动作试验、参数设置与调试； 6. 使用通用及专用系统编程、组态软件，编制用户程序，实施工程组态，构建系统控制与联锁方案、控制回路； 7. 对智能与集成控制装置实施配置卡件、I/O点及网络配置； 8. 对智能自动化设备、集散控制装置及系统实施软硬件组态试验、网络试验、参数设置与调试	测量与误差知识及计算能力； 仪表品质、校验及检定能力； 热工量、电量、非电量检测知识； 传感器、变送器、检测仪表的结构、原理、关系、参数、性能指标、操作使用方法； 信号的概念、种类、特性知识及传输、变换、关系调整； 电气设备、电磁装置结构、原理、性能、用途、使用与操作； 自动化设备与装置的结构、原理、特性参数、关系、操作使用、参数设置、调校； 智能化、集成化与网络化设备的组成、特性、功能及配置、操作、参数设置与组态； 网络知识与网络组织及网络测试与设置； 传感检测、显示、执行与驱动、过程控制、运动控制、联锁保护等系统组成、性能指标、信号耦合环节、工作过程与状态及参数设置、信号试验、性能整定； 自动化知识与控制系统构建能力； 生产机械与过程设备、工艺过程知识
投运操作运行维护	1. 对传感检测装置、控制装置、执行与驱动装置、信号管线实施巡查、维护； 2. 对检测系统、过程操作及控制系统实施投运操作、手自动切换操作、运行巡查与维护； 3. 对智能设备及装置、控制网络实施网络巡查、卡件巡查、组态巡查，并实施维护； 4. 对电气线路、信号回路实施安全巡查与维护，对联锁保护装置、系统实施投入与切除操作，对安全检测元件、动作元件、保护装置及系统实施运行巡查、维护； 5. 对生产机械及自动化生产线电气控制装置、控制线路及系统实施运行巡查、维护	电气安全、操作规程与巡检规程； 电气设备、自动化设备操作规程、维护技术； 信号传输与电磁防护技术； 检测传感与显示、执行与驱动、控制装置与系统、联锁保护技术； 生产机械与过程设备、工艺过程知识； 电气线路、控制系统识图； 智能化、网络化、集成化控制装置与系统技术； 组态控制技术； 电工电子技术
故障检修	1. 能根据传感检测现象、信号状态、卡件及设备与装置、系统运行状态、网络状态，判断故障原因并能进行应急处理； 2. 能检修与更换故障检测元件、执行装置、信号管线、指令电器、控制装置、网络装置及相关卡件与I/O接点，并能正确地进行参数设置、调整，以及设备与系统投入	电工电子技术； 信号放大、转换、传输知识； 电气设备、自动化设备与系统知识； 电气安全、电磁防护知识； 生产机械与过程设备、工艺知识； 自动化与自动控制知识； 机械、电气识图 网络技术、组态技术

二、自动化高技能应用型人才职业能力构架

1. 能力构架

就传统认识而言，工业自动化系统即机电一体化系统，主要是对设备和生产过程的控制，即由机电本体、动力部分、检测传感部分、执行机构、驱动部分、控制及信号处理单元等硬件元素，在软件程序和电路逻辑的目的信息流引导下，相互协调、有机融合和集成，形成物质和能量的有序规则运动，从而组成工业自动化系统或产品。

自动化高技能应用型职业岗位需要具有"宽口径、软硬件协调、强弱电兼顾、环节与系统结合、面向工厂企业自动化类设备及系统"的专业能力。从自动化技术的核心角度看，不仅要求对单体设备的操作能力，更强调从系统的角度去认识、操作设备，以达到环节、系统的协调工作。因此既要求专业基础技能，也要求更深层次的职业能力。

自动化高技能应用型人才从事职业活动应该具备的能力构架如下。

（1）基础层

基本操作能力——保障职业活动必需的基本技能。主要包括电工基本技能、电子基本技能、信号处理与传输技能、管钳基本技能、计算机操作技能、数理分析及运算技能。

（2）设备层

设备操作能力——对构建系统的各环节所用自动化设备的操作、维护能力。主要包括对自动化设备的调校、安装、操作、维护维修能力。

工业自动化的核心是工厂自动化，主体是离散生产控制、流程生产控制两大类。设备层几乎覆盖了全部典型自动化设备。

生产装置工艺过程环节：流程生产装置、机电装置（包括动力电动机）等。

检测传感环节：取信元件、传感器、现场变送器、信号管线、测量仪表及附属环节等。

驱动与执行装置：控制阀及定位器、电动机及变频器与调压调速器、电磁气动机构、控制电机及驱动器等。

控制装置：继电逻辑线路、控制仪表、PLC控制器、触摸屏、DCS网络控制装置、FCS网络控制装置等。

（3）系统层

系统操作能力——针对系统的操作维护能力。主要包括系统连接、调试、运行、维护能力。

在系统层面上，主要涉及检测与显示系统、开环操作系统、闭环控制系统、联锁与保护系统，以及DCS、FCS控制系统与控制网络等综合自动化系统。具体见附表2。

东南大学戴先中在《自动化学科专业的知识结构体系浅析》（《中国大学教学》

2005.2）一文中认为负反馈闭环控制系统为自动控制的本质、核心，它不仅描述了系统组成环节及各环节间的关系，更深入的内涵是融入了自动化专业的知识结构与知识领域，其典型结构如附图 1 所示。

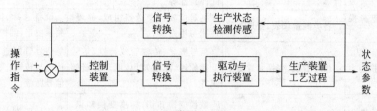

附图 1

附图 1 所示闭环控制系统，由各具特定功能的设备装置、环节在信息流作用下，经过"传感检测、控制运算、驱动执行"三个主体过程，实现对生产过程的控制。也就是说闭环控制系统包含了自动化技术的全部知识与能力领域，各环节及相应闭环系统必然是自动化技术知识、专业能力的载体。

对闭环控制系统的再认识知道，闭环控制系统包括传感检测、过程操作两个基本子系统。如附图 2 所示，闭环控制构建在两个子系统基础之上，通过控制装置、系统构建技术为桥梁得以实现。

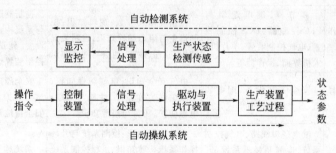

附图 2

由此可以按单元环节功能、用途与工作任务属性，将相关工作对象归属到传感检测与显示技术、执行与驱动技术、控制装置及系统构建技术三大主体技术系列中：

自动检测与显示、报警装置及系统——涉及信号获取、传递、处理及基本应用技术、附属装置；

自动操作装置及系统（开环控制）——涉及控制指令及信号输出、转换、驱动与执行技术、附属装置；

控制装置、线路及系统（闭环控制）——涉及控制装置、关联装置、系统构建综合技术。

因此，课程体系的构建只需围绕三大主体技术系列进行分析与归纳，分别将上述三大主体技术归属于相应的三大课程系列之中。

2. 能力单元及能力载体分析

详见附表 3。

附表 3　能力单元划分

能力单元	能力单元载体	知识	技能
信号获取能力	各类传感器、热工测量元件等	参数特性、参数检测方法、检测元件特性等	传感检测元件选择、测试
检测变送装置选择操作能力	各类测量仪表、变送器等	测量仪表与变送器组成、原理、性能与用途	设备选择、操作、参数设置、关系校正、维护
信号传输与变换能力	信号管线、变换装置等	信号概念、传输管线特性、信号变换原理、滤波知识、电磁屏蔽知识等	信号管线选择与维护、信号传递与转换、关系与参数调整、信号屏蔽
显示装置选择操作能力	显示仪表、测试仪器等	数模变换知识、标度变换知识、信号补偿与校正知识、数码显示知识等	信号匹配与选择、参数设置与校正、仪表操作与维护
执行装置选择操作能力	调节阀、电磁阀、电机等	流体调节原理；调节阀结构、原理及特性；电磁阀结构与原理；交直流电机结构、原理、运行与控制特性	调节阀及交直流电机拆装；调节阀及交直流电机选择；执行器运行操作；执行器的测试维护
驱动装置选择操作能力	电磁气动装置、变频器、控制电机及驱动器、调压调速模块、阀门定位器等	电磁知识、变流-变频知识、步进控制电机知识、伺服控制知识、位置反馈知识、气动知识	变频器操作与参数设置；阀门定位器装配、设置；驱动器的选择、设置；执行器系统联调；驱动器维护等
控制装置选择操作能力	调节器、继电逻辑与PLC控制器、DCS控制装置、电气控制装置、单片机、人机界面、操作器等	控制规律及参数；逻辑知识；控制指令与组态编程知识；控制装置结构、原理、性能；通信与网络知识	控制器选择与匹配；I/O配置与系统构建；控制器操作、参数设置、调试；网络构建与调试；控制装置运行与维护
附属设备及装置选择与操作能力	安全关联设备、配电装置、各类隔离装置等	电气安全知识；电气防爆知识；安全关联装置原理、性能与参数；电磁防护、防雷与接地知识等	安全隔离装置选择、设置、调试与维护；电磁与雷电防护及安全接地系统装调、维护
系统构建与调试能力	继电逻辑线路、电气控制系统、检测与显示系统、开环操作系统、过程控制系统、运动控制系统、联锁与保护系统、自动化生产线控制系统等	自动控制知识、检测系统与开环操作系统构建知识、过程控制系统构建知识、逻辑控制知识、联锁保护系统知识、系统性能指标、控制策略与系统调试知识、编程与组态、通信与网络知识	系统构建与测试；系统参数设置及整定；组态与编程；系统投运与调试；系统运行操作与管理；系统维护与检修
设备、系统安装能力	各类自动化设备、环节、线路、系统等	施工规范与标准、管钳知识、机械知识、制图知识、电气及仪表图例知识、电气安全知识等	机械与电气-仪表识图能力；工具使用能力；简单机械加工能力；设备及系统的安装能力

　　工业自动化高技能应用型人才在职业活动中所面对的工作对象，就是这些具有特定功能、特定任务的自动化设备、装置及所构建的系统。也就是说其自动化技术与职业技能体现在对自动化设备、装置及系统的安装、调试、操作管理、运行维护、故障检修活动之中。

三、基于工作过程的"单元耦合"式课程学习体系

　　开发基于工作过程系统化的课程，建立基于工作过程的知识体系，以真实工作任务及

其工作过程为依据，对课程能力总目标进行分解与细化，开发能力主题学习单元（或工作任务、关联模块），并考虑各能力单元之间的逻辑递进关系，对主题学习单元进行序化，形成课程整体。

1. "单元耦合"序化课程内容

① 能力载体——能力单元 所谓能力单元就是能促进输出或者转化的组织，每一个能力单元都是具有一定转化功能的"机器"，是人、机、料等因素结合起来承担转化任务的系统。如果把能够独立完成某种转化活动作为最小能力单元的划分标准，那么最明显的能力单元就是"工序"，或者说是一个功能单元。

一个能力单元要完成一定的转化功能，必然对应着相应的活动过程。活动过程依赖着相应的功能单元载体。一个机器、设备或一个环节、系统也就是能力单元之载体。

② 单元的确立 工业自动化技术应用类技能人才在职业活动中所面对的工作对象，是具有特定功能、特定任务的设备装置、环节及所构建的系统，相应的职业能力体现在对具体设备、装置及系统的安装、调试、操作运行、维护管理、故障检修活动中。

基于工作过程构建的工业自动化专业三大核心技术课程：传感与检测技术、执行与驱动技术、控制装置与系统技术，本身由各功能环节构成。各环节自然被赋予了能力单元载体的属性，也就是职业活动过程中的工作对象具有能力单元的自然属性。

基于工业自动化技术应用类职业活动的特点及工作对象，考虑人才培养目标（知识、技能、素质）和教育对象的特点，以职业能力培养为核心，按照科学性原则、情境性原则和人本性原则，以工作任务及其工作过程为依据，按活动过程的能力单元载体对课程教学能力总目标进行分解与细化，开发能力学习单元（或工作任务、关联模块）。

③"单元耦合" 在课程体系构建中，三大核心课程的构建本质上基于工作过程，因此可按完成相应工作任务为目的，构建相应的技能与知识体系。从单元环节出发，以系统构建为目标，通过环节功能、环节组织、信号关系耦合，按工作任务实际展开顺序、逻辑关系，实施基于工作过程的课程内容组织关系。

在这里，能力单元（工作任务）并非传统的单元化（模块化）实质，它的形成是按工作过程导向，对实际的工作过程进行能力单元划分。三大核心课程分别构建检测传感系统、执行驱动系统（开环操作系统）、闭环控制系统，课程内容涉及的相关功能单元存在前后逻辑关系。

课程内容的序化规则遵循课程对应的系统构建目标及规则，组织相关功能单元及相应的能力单元载体——典型设备（环节），按教学进程及能力进度，以信号关联方式依次引入——"单元耦合"，能力训练由小到大、由简到繁、由单项到综合。

建立三层能力实训任务：通过"单元"、"模块"实训任务获得单项（较单项）能力；通过"单元耦合式"实训任务获得综合（较综合）能力；通过综合的职业活动项目实训获得综合职业能力。有条件的课程再通过基于实际工作过程的项目、课题，实施具有明显职业活动情境的能力训练。

2. 三大主体技术课程"单元耦合"体系

（1）检测与传感应用技术课程

① 课程目标　传感与检测技术课程总目标：通过传感与检测技术课程的学习，学生能运用相应的传感检测技术与技能，实施职业活动中对传感检测装置、显示装置、附属环节的选用、安装、操作，敷设信号管线，实施信号传递、变换，具体实施检测、显示系统的构建，并能实施单体设备及系统的参数设置、调试、维护、检修，保障检测、显示装置及系统正常运行。

② 课程内容序化　检测与传感技术课程组织如附图 3 所示。

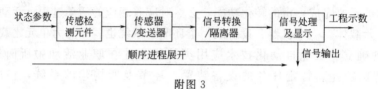

附图 3

③ 课程内容展开途径

a. 基于参数的检测与显示工作过程，按信号传递过程：参数检测—变送—传输—隔离变换—显示变换，依次引入相关能力单元，实施同一能力层次需求的知识与技能教学。

b. 分阶段实施不同能力层次的递进教学：常规检测显示—智能检测显示—参数综合处理。

c. 课程内容突出信号概念、信号获取、信号传输、信号转换处理、信号显示、信号关系调整。

（2）执行与驱动应用技术课程

① 课程目标　执行与驱动技术课程总目标：通过执行与驱动技术课程的学习，学生能运用相应的执行与驱动技术与技能，实施执行装置、执行驱动装置及附属环节的选用、安装、操作，敷设信号管线，实施信号传递、变换，具体实施执行与驱动回路构建，并能实施设备单体、联体及系统的参数设置、调试、维护、检修，保障执行与驱动装置、系统正常运行。

② 课程内容序化　执行与驱动技术课程组织如附图 4 所示。

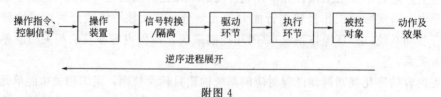

附图 4

③ 课程内容展开途径

a. 基于操作控制指令，对生产装置、过程实施控制为目标，按信号传递逆序过程：执行装置—驱动环节—隔离转换环节—操作控制环节，依次引入相关能力单元，实施同一能力层次需求的知识与技能教学。

b. 分阶段实施不同能力层次的递进教学：通用调节阀、通用电机驱动操作—智能调节阀、变频器驱动操作—综合与网络通信。

c.课程内容突出信号通过执行装置对生产的操作过程,强调信号转换、信号应用、动作关系。

(3) 控制装置及系统应用技术课程

① 课程目标 控制装置及系统技术课程总目标:通过控制装置及系统技术课程的学习,学生能运用控制装置及系统构建技术与技能,实施控制装置的操作、参数设置、调试、维护与检修,实施信号传递、变换,按技术方案、规程实施控制系统构建,实施系统投运、切换、调试与整定操作,实施系统维护、检查与检修,保障系统正常运行。

② 课程内容序化 控制装置与系统课程组织如附图 5 和附图 6 所示。

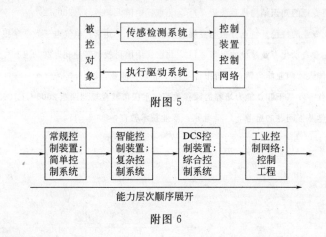

附图 5

附图 6

③ 课程内容展开途径

a.基于自动控制概念,在检测传感、执行与驱动课程基础之后,以控制装置为中心,以闭环(广义)系统构建为目标,实施同一能力层次需求的知识与技能教学:自动控制概念—控制装置—系统构建—系统调试整定。

b.分阶段实施不同能力层次的递进教学:常规控制装置构建单回路控制系统—智能控制器构建复杂控制系统—DCS 与 FCS 控制装置、控制网络构建综合控制系统。

c.课程内容以工程控制要求为驱动任务,围绕控制装置、系统构建(软、硬件)、系统调试实施。

参 考 文 献

［1］万百全．自动化（专业）概论［M］．武汉：武汉理工大学出版社，2002．

［2］戴先中，赵光宙．自动化科学概论［M］．北京：高等教育出版社，2006．

［3］戴先中．自动化科学与技术学科的内容、地位与体系［M］．北京：高等教育出版社，2003．

［4］教育部高校自动化专业教学指导委员会．自动化科学专业发展战略研究报告［M］．北京：高等教育出版社，2007．

［5］赵曜．自动化概论［M］．北京：机械工业出版社，2009．

［6］韩璞，王建国．自动化专业概论［M］．北京：中国电力出版社，2007．．

［7］戴先中．自动化学科专业的知识结构体系浅析［J］．北京：中国大学教学，2005.2．

［8］戴先中．我国自动化专业的特色、特点分析与发展前景初探［J］．北京：电气电子教学学报，2004.3．

［9］夏洪永．职业院校工业自动化专业建设的思考［J］．北京：中国科教创新导刊，2008.12．

［10］夏洪永．自动化技能人才职业能力调查分析报告［J］．北京：职业，2009.03．

［11］夏洪永．工业自动化专业基于职业能力培养的课程改革．重庆市教育规划课题 2006-GJ-129．

［12］姜大源．职业教育学基本问题的思考［J］．北京：职业技术教育，2006.01．